供热管道与设备

主　编　汤延庆

副主编　宋焕君

参　编　付　莹

北京理工大学出版社

BEIJING INSTITUTE OF TECHNOLOGY PRESS

内 容 提 要

本书按照高等院校人才培养目标及专业教学改革的需要，依据供热管道与设备最新标准规范进行编写。全书共分为 10 个项目，主要内容包括：认识供热工程、采暖系统的散热设备、室内热水采暖系统、室内蒸汽采暖系统、集中供热系统的热源、集中供热系统、热水网路的水力计算和水压图、供热管线的敷设和构造、建筑燃气供应系统、集中供热系统自动化。

本书可作为高等院校供热通风与空调工程技术专业的教材，也可作为暖通专业工程技术人员的参考用书。

图书在版编目（CIP）数据

供热管道与设备 / 汤延庆主编 .-- 北京：北京理工大学出版社，2024.4
　　ISBN 978-7-5763-3962-8

Ⅰ．①供… Ⅱ．①汤… Ⅲ．①供热管道－高等学校－教材 Ⅳ．① TU833

中国国家版本馆 CIP 数据核字（2024）第 093861 号

责任编辑：江　立	文案编辑：江　立
责任校对：周瑞红	责任印制：王美丽

出版发行 / 北京理工大学出版社有限责任公司
社　　址 / 北京市丰台区四合庄路 6 号
邮　　编 / 100070
电　　话 / (010) 68914026（教材售后服务热线）
　　　　　　 (010) 68944437（课件资源服务热线）
网　　址 / http：//www.bitpress.com.cn
版 印 次 / 2024 年 4 月第 1 版第 1 次印刷
印　　刷 / 河北鑫彩博图印刷有限公司
开　　本 / 787 mm×1092 mm　1/16
印　　张 / 13
字　　数 / 327 千字
定　　价 / 88.00 元

前　言

党的二十大报告指出："我们要推进美丽中国建设，坚持山水林田湖草沙一体化保护和系统治理，统筹产业结构调整、污染治理、生态保护、应对气候变化，协同推进降碳、减污、扩绿、增长，推进生态优先、节约集约、绿色低碳发展。""推动能源清洁低碳高效利用，推进工业、建筑、交通等领域清洁低碳转型。"

"供热工程"是供热通风与空调工程技术专业和建筑设备工程技术专业的核心课程。本书主要阐述了以热水和蒸汽作为热媒的室内采暖系统和集中供热系统的相关知识，主要介绍了系统常用形式、基本组成、设备的构造和工作原理、室内和室外管网的设计计算等基本知识。在当今快速变化的知识经济时代，理论与实践的结合日益显得重要。为了培养适应未来社会发展需求的高素质人才，本书编写采取了校企合作的模式，致力于将最新的行业知识、技术发展和企业文化融入教学内容中。同时，本书是校企深度合作的成果，学校教师团队与哈尔滨平房物业供热有限责任公司专家紧密合作，共同确定了教材的框架结构、核心知识点以及案例。在此过程中，我们注重理论与实际操作技能的结合，确保学生能够获得最前沿的专业知识，并了解这些知识在实际工作中的应用。

在"互联网＋教育"大背景下，教材编写团队在多年教学与培训经验总结的基础上，以在线精品课程、教育部国家级教学资源库为支撑，按微课与慕课的理念建设相关配套的后台资源，附有图片、动画、视频、习题等教学资源，将传统纸质图书与现代数字化教学资源相结合，读者可扫描书中二维码观看相应资源，随扫随学，激发学生自主学习兴趣，实现教学资源信息化、教学终端移动化和教学过程数据化。通过本课程的讲授，学生能系统地掌握目前常用的以热水或蒸汽作为热媒的室内采暖系统和集中供热系统的基本原理和基本知识；培养一般民用和工业建筑供暖系统的设计能力；了解供暖与集中供热运行管理的基本知识；树立专业荣誉感和社会责任感，建立良好的工程职业道德，培养工程素养、创新意识，分析和解决供热设计、施工、运行管理问题的能力。

本书由黑龙江建筑职业技术学院汤延庆担任主编，哈尔滨平房物业供热有限责任公司宋焕君担任副主编，黑龙江建筑职业技术学院付莹参与编写。特别感谢哈尔滨平房物业供热有限责任公司的专家们，不仅提供了宝贵的行业洞察，还参与了教材的实地调研和案例编写，使得这本教材更加贴近实际工作环境，为学生未来的职业生涯发展打下坚实的基础。

由于编者水平有限，书中难免存在不妥和错误之处，敬请广大读者批评指正。

编　者

目 录

项目一　认识供热工程

知识目标

1. 了解供热与集中供热的概念及组成部分。
2. 熟悉采暖系统的构成，掌握热水采暖系统的形式、蒸汽采暖系统的形式、热风采暖系统的形式。
3. 了解采暖施工图识读要求，熟悉采暖工程施工图的内容。

能力目标

通过本项目的学习，能够熟练地识读采暖工程施工图，能够正确地分析采暖系统的形式。

素质目标

1. 具有团队协作意识、服务意识及协调沟通交流能力。
2. 能认真完成所接受的工作任务，脚踏实地，任劳任怨。

任务一　供热与采暖

供热是提供热能和输送热能的过程；采暖是热用户消耗热能的过程。

一、供热与集中供热

党的二十大报告中指出：“我们要实现好、维护好、发展好最广大人民根本利益，紧紧抓住人民最关心最直接最现实的利益问题，坚持尽力而为、量力而行，深入群众、深入基层，采取更多惠民生、暖民心举措，着力解决好人民群众急难愁盼问题。”认真贯彻落实这一报告精神，安排专人检修供热设备，提高供热参数，积极解决群众在供热中遇到的实际问题，让群众温暖过冬。

人们在日常生活和社会生产中需要大量的热能，而热能的供应是通过供热系统完成的。一个供热系统包括热源、供热管网和热用户三个部分。

(1)热源。热源是指热媒的来源，目前广泛采用的是锅炉房和热电厂等。

(2)供热管网。输送热媒的室外供热管线称为供热管网。热源到热用户散热设备之间的连接管道称为供热管。经散热设备散热后返回热源的管道称为回水管。

(3)热用户。热用户即直接使用或消耗热能的用户，如室内采暖、通风、空调、热水供应及生产工艺用热系统等。

根据三个部分的相互位置关系，供热系统可分为集中供热系统、局部供热系统和区域供热系统。图 1-1 所示为区域热水锅炉房集中供热系统。

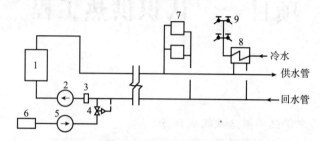

图 1-1　区域热水锅炉房集中供热系统

1—热水锅炉；2—循环水泵；3—除污器；4—压力调节阀；5—补给水泵；6—补充水处理装置；
7—供暖散热器；8—生活热水加热器；9—水龙头

二、供暖系统的分类

1. 按供热范围分类

(1)集中供暖。利用一个热源供给多个建筑或建筑群所需的热量的方式称为集中供暖。这种方式是目前应用最广泛的一种供暖方式，也是本书重点介绍的内容(图 1-2)。

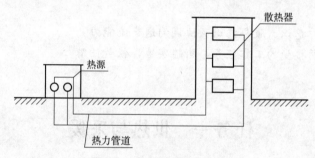

图 1-2　集中供暖系统示意

(2)局部供暖。局部供暖的热源和散热设备都在同一房间内，它包括传统的火炉、火墙等，以及目前所使用的电热取暖、家用燃气壁挂锅炉、空调机组供暖等。

(3)区域供暖。区域供暖的热源(集中供热锅炉房、热电厂等)供热能力更高，供热范围更大。由于区域供暖以单一介质和参数向不同要求的用户提供热能，因此一般在用户接口处设置热交换站。由热源到热交换站之间的管网称为一次管网，而热交换站至用热设备间的管网称为二次管网。相对于城市供热系统而言，热交换站就是它的用户，而对于一个建筑或建筑群而言，热交换站就是它的热源。

2. 按热媒分类

(1)热水采暖系统。以热水为热媒，将热量带给散热设备的采暖系统称为热水采暖系统。热水采暖系统分为低温热水采暖系统和高温热水采暖系统。

(2)蒸汽采暖系统。以蒸汽为热媒，把热量带给散热设备的采暖系统称为蒸汽采暖系统。蒸汽采暖系统分为高压蒸汽采暖系统和低压蒸汽采暖系统。

(3)热风采暖系统。热风采暖系统是以空气为热媒，把热量带给散热设备的采暖系统。

蒸汽采暖系统与热水采暖系统的比较

(1)蒸汽采暖系统依靠水蒸气凝结成水(相态发生变化)放出热量。蒸汽凝结放出的汽化热比水降温放出的热量要大得多,因此,对同样的热负荷,蒸汽采暖所需要的蒸汽质量比热水质量少得多。

(2)蒸汽和凝水在系统管路内流动时,其状态参数变化比较大,还会伴随相态变化。

(3)蒸汽采暖系统散热器热媒平均温度一般高于热水采暖系统。因此,对同样热负荷,蒸汽供热要比热水供热节省散热设备的面积,投资低。

(4)蒸汽采暖系统散热器表面温度高,散热器上的灰尘会产生异味,卫生条件较差。

(5)蒸汽采暖系统中蒸汽的比热容较热水的比热容大得多。因此,蒸汽在管道中的流速,通常可采用比热水流速高得多的速度,管径小,投资低。

(6)由于蒸汽具有比热容大、密度小的特点,因此在高层建筑供暖时,不会像热水供暖那样,产生很大的水静压力。

(7)蒸汽供热系统的热稳定性差,供汽时热得快,停汽时冷得也快,适用于间歇供热的用户。

任务二 采暖系统的构成及形式

一、采暖系统的构成

热水采暖系统是目前广泛使用的一种采暖系统,分为自然循环热水采暖系统和机械循环热水采暖系统。

1. 自然循环热水采暖系统

自然循环热水采暖系统不设水泵,依靠供水、回水密度差和散热器与锅炉中心线的高差使水循环。自然循环热水采暖系统由热源(锅炉)、散热设备、供水管、回水管和膨胀水箱等组成。膨胀水箱位于系统的最高处,它必须能容纳系统中因加热而体积增大的水。

自然循环热水采暖系统的作用半径小,管径大。由于不设水泵,因此工作时不消耗电能,无噪声,而且维护管理也比较简单,其作用半径不宜超过50 m。

2. 机械循环热水采暖系统

依靠水循环水泵提供水循环动力,克服流动阻力使热水流动循环的系统称为机械循环热水采暖系统。机械循环热水采暖系统由热水锅炉、供水管、散热器、回水管、循环水泵、膨胀水箱、排气装置、控制附件等组成。

机械循环热水采暖系统运行时,水在锅炉中被加热后,沿总立管、供水干管、供水立管进入散热器,放热后沿回水干管由水泵送回锅炉。循环水泵通常设于回水管上,为系统中的热水循环提供动力。膨胀水箱设于系统的最高处,它的作用是容纳系统中多余的膨胀水和给系统定压,膨胀水箱的连接管连接在循环水泵的吸入口处,可以使整个系统处于正压工作状态，避免系统中的热水因汽化而影响其正常循环。为了顺利地排除系统中的空气，供水干管应按水流方向设有向上的坡度，并在供水干管的最高处设排气装置。

机械循环热水采暖系统的循环动力是由循环水泵决定的，因此系统作用半径大，供热的范围就大，通常管道中热水的流速大，管径较小，起动容易，应用广泛，但系统运行耗电量大，维修量也大。目前集中供热系统都采用这种形式。

二、采暖系统的形式

1. 热水采暖系统的形式

在热水采暖系统中，热媒是热水。热源产生热水，经过输热管道流向采暖房间的散热器中，散出热量后经管道流回热源，重新被加热。热水采暖系统可按下列方法分类。

(1)按热水供暖循环动力的不同，热水采暖系统可分为自然循环热水采暖系统和机械循环热水采暖系统。热水采暖系统中的水如果是靠供回水温度差产生的压力循环流动的，则该系统称为自然循环热水采暖系统；热水采暖系统中的水若是依靠水泵强制循环的，则该系统称为机械循环热水采暖系统。

(2)按供、回水方式的不同，热水采暖系统可分为单管系统和双管系统。热水经立管或水平供水管顺次通过多组散热器，并顺次通过各散热器中冷却的系统，则该系统称为单管系统。热水经供水立管或水平供水管平行地分配给多组散热器，冷却后的回水自每个散热器直接沿回水立管或水平回水管流回热源的系统，则该系统称为双管系统。

(3)按系统管道敷设方式的不同，热水采暖系统可分为垂直式系统和水平式系统。

(4)按热媒温度的不同，热水采暖系统可分为低温热水采暖系统和高温热水采暖系统。

2. 蒸汽采暖系统的形式

按管路布置形式的不同，蒸汽采暖系统可分为上供下回式系统和下供下回式系统；按立管的数量不同，蒸汽采暖系统可分为单管式系统和双管式系统；按供气压力不同，蒸汽采暖系统可分为低压蒸汽采暖系统和高压蒸汽采暖系统。

(1)低压蒸汽采暖系统。低压蒸汽采暖系统常采用双管上分式系统。图1-3所示为双管上供下回式低压蒸汽采暖系统示意。

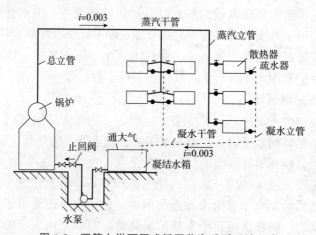

图1-3 双管上供下回式低压蒸汽采暖系统示意

为了保证散热器能正常工作，及时排除散热器中存在的空气，蒸汽采暖系统的散热器上安装有自动排气阀，位置在距离散热器底 1/3 的高度处，如图 1-4 所示。

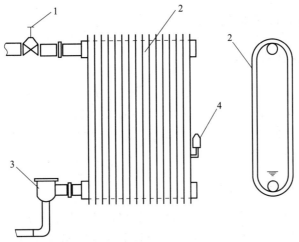

图 1-4　低压蒸汽采暖系统的散热器装置

1—阀门；2—散热器；3—疏水器；4—自动排气阀

蒸汽采暖系统的回水管始端必须设有疏水器，作用是阻止蒸汽通过，只允许凝结水通过。在低压蒸汽采暖系统中，最常用的是恒温式疏水器和热动力式疏水器。

(2)高压蒸汽采暖系统。系统中的高压蒸汽由室外管网引入，在建筑物入口处设有分汽缸和减压装置。减压阀前的分汽缸是供生产用的，减压阀后的分汽缸是供供暖用的。分汽缸的作用是调节和分配各建筑物所需的蒸汽量，而减压阀可以降低蒸汽的压力，并能稳定阀后的压力以保证采暖的要求。图 1-5 所示为高压蒸汽采暖系统。

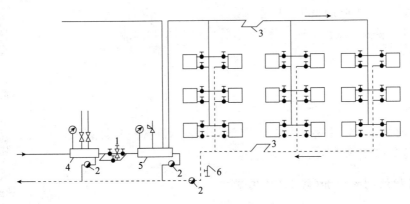

图 1-5　高压蒸汽采暖系统

1—减压装置；2—疏水器；3—方形补偿器；4—减压阀前分汽缸；5—减压阀后分汽缸；6—排气阀

高压蒸汽采暖系统可用于会议厅、影剧院等场所，不适用于住宅、医院、幼儿园、学校等建筑物。

3. 热风采暖系统的形式

热风采暖系统以空气作为热媒，首先将空气加热，然后将高于室温的空气送入室内，放出热量，达到采暖目的。

热风采暖系统具有热惰性小的特点，能迅速提高室温，兼有通风换气的作用，但噪声比较大，适用于体育馆、戏院及大面积的工艺厂房等场所。常采用暖风机或与送风系统相结合的热风采暖方式。

三、供暖系统设计热负荷

（一）供暖系统设计热负荷的概念

供暖系统热负荷是指在某一室外温度下，为了达到要求的室内温度，供暖系统在单位时间内向建筑物供给的热量。它随建筑物得失热量的变化而变化。

供暖系统设计热负荷是指在设计室外温度 t'_w 下，为了达到要求的室内温度 t_n，供暖系统在单位时间内向建筑物供给的热量。

（二）围护结构的基本耗热量

在工程设计中，建筑物围护结构的基本耗热量，按一维稳态传热过程计算，即假定室内外空气温度和其他影响传热过程的因素都不随时间变化，可按下式计算：

$$Q' = KF(t_n - t'_w)\alpha \qquad (1\text{-}1)$$

外墙地面传热
过程动画

式中　Q'——围护结构的基本耗热量，W；

　　　K——围护结构的传热系数，$W/(m^2 \cdot K)$；

　　　F——围护结构的传热面积，m^2；

　　　t_n——供暖室内计算温度，℃；

　　　t'_w——供暖室外计算温度，℃；

　　　α——围护结构的温差修正系数。

围护结构的基本
传热耗热量

整个供暖建筑物或房间的基本耗热量 $Q'_{1\sim j}$，应等于它的围护结构各部分（墙、窗、门、楼板、屋顶、地面等）基本耗热 Q' 的总和。即

$$Q'_{1\sim j} = \sum_{i=1}^{j} Q'$$

$$= \sum_{i=1}^{j} K_i F_i (t_{n_i} - t'_w)\alpha_i \qquad (1\text{-}2)$$

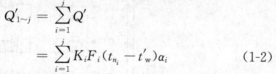
围护结构传热耗
热量计算示例

以上公式中，带"'"上标符号的各物理量均表示供暖室外计算温度 t'_w 下（即设计工况下）的各种参数。

（三）围护结构的附加（修正）耗热量

围护结构的基本耗热量是在稳态传热条件下计算得出的，实际耗热量会受到气象条件及建筑物情况等各种因素的影响而有所增减。所以，需要对房间围护结构基本耗热量进行修正。这些修正耗热量称为围护结构的附加（修正）耗热量。

围护结构的附加
（修正）耗热

通常按基本耗热量的百分率进行修正，主要包括朝向修正、风力附加、外门附加和高度附加耗热量等。

1. 朝向修正耗热量

朝向修正耗热量是考虑建筑物受太阳照射影响而对围护结构的基本耗热量的修正。朝向修正耗热量主要考虑三方面因素：其一，太阳照射建筑物时，阳光透过玻璃窗，使室内

直接得热；其二，由于受阳面的围护结构较干燥，所以传热系数减小；其三，外表面和附近气温升高，围护结构向外传递的热量减少。采用的修正方法是按围护结构的不同朝向，采用不同修正率χ_{ch}。需要修正的耗热量等于垂直的外围护结构(门、窗、外墙及屋顶的垂直部分)的基本耗热量乘以相应的修正率。

不同朝向的修正率：

北、东北、西北　　　　　0%～10%

东、西　　　　　　　　　－5%

东南、西南　　　　　　　－15%～－10%

南　　　　　　　　　　　－30%～－15%

选用朝向修正率时应综合考虑当地冬季日照率、建筑物的使用和被遮挡等情况。对于日照率小于35%的地区，东南、西南、南向的朝向修正率宜采用－10%～0%，东、西朝向可不修正。

2. 风力附加耗热量

风力附加耗热量是考虑室外风速变化而对围护结构的基本耗热量的影响而附加的耗热量。在计算围护结构的基本耗热量时，围护结构外表面的表面换热系数α_w是在一定的室外风速4 m/s条件下的计算值。我国大部分地区冬季平均风速不大，一般为2～3 m/s。因此，《工业建筑供暖通风与空气调节设计规范》(GB 50019—2015)规定：在一般情况下，不必考虑风力附加，只对建在不避风的高地、河边、海岸、旷野上的建筑物，以及城镇、厂区内特别突出的建筑物，才考虑垂直外围护结构附加5%～10%。

3. 外门附加耗热量

外门附加耗热量可用外门的基本耗热量乘以表1-1中的附加率来计算，外门附加率只适用于短时间开启的、无热风幕的外门。阳台门不考虑外门附加耗热量。

表1-1　外门附加率

外门布置状况	附加率
一道门	$n\times65\%$
两道门(有门斗)	$n\times80\%$
三道门(有两个门斗)	$n\times60\%$
公共建筑和工业建筑的主要出入口	500%
注：n为建筑物的楼层数	

冬季由于建筑物外门频繁开启，在风压和热压的作用下，冷空气由开启的外门侵入室内。把这部分冷空气加热到室内温度所消耗的热量称为冷风侵入耗热量。冷风侵入耗热量一般用外门附加耗热量来表示。

4. 高度附加耗热量

高度附加耗热量是考虑房屋高度对围护结构耗热量的影响而附加的耗热量。

《工业建筑供暖通风与空气调节设计规范》(GB 50019—2015)规定：民用建筑和工业企业辅助建筑的高度附加率(楼梯间除外)，房间高度大于4 m时，每高出1 m应附加2%，但总的附加率不应大于15%。高度附加率应附加于房间围护结构基本耗热量和其他附加耗热量的总和上。如果生产厂房选取供暖室内计算温度时已考虑了高度的影响，则不再进行高度附加。

（四）冷风渗透耗热量

在风压和热压造成的室内外压差作用下，室外的冷空气通过门、窗等缝隙渗入室内，被加热后逸出。把这部分冷空气从室外温度加热到室内温度所消耗的热量，称为冷风渗透耗热量。冷风渗透耗热量在供暖设计热负荷中占有不小的份额。

影响冷风渗透耗热量的因素有很多，如门窗构造、门窗朝向、室外风速与风向、室内外空气温差、建筑物高低及建筑物内部通道状况等。对于多层建筑，由于房屋高度不高，在工程设计中，冷风渗透耗热量主要考虑风压的作用。对于高层建筑，则应考虑风压与热压综合作用的结果。

冷风渗透状况动画

计算冷风渗透耗热量的常用方法有缝隙法、换气次数法和百分数法。

1. 缝隙法

通过计算不同朝向的门窗缝隙的长度及在风压与热压综合作用下每米长缝隙渗入的冷空气量来确定冷风渗透耗热量，这种方法称为缝隙法。

（1）对于多层和高层民用建筑，加热由门窗缝隙渗入室内的冷空气的耗热量，可按下式计算：

$$Q'_2 = 0.28 c_p \rho_w L (t_n - t'_w) \tag{1-3}$$

六层及六层以下建筑物围护结构冷风渗透耗热量计算的方法

六层及六层以下建筑物围护结构冷风渗透耗热量计算示例

式中　Q'_2——冷风渗透耗热量，W；

　　　c_p——冷空气的定压比热，$c_p = 1 \ \text{kJ}/(\text{kg} \cdot \text{℃})$；

　　　ρ_w——采暖室外计算温度下的空气密度，kg/m^3；

　　　L——渗透冷空气量，m^3/h；

　　　t_n——采暖室内计算温度，℃；

　　　t'_w——采暖室外计算温度，℃；

　　　0.28——单位换算系数，$1 \ \text{kJ}/\text{h} = 0.28 \ \text{W}$。

六层以上建筑物围护结构冷风渗透耗热量计算的方法

六层以上建筑物围护结构冷风渗透耗热量计算示例

由式（1-3）可知，在室内外温差一定时，冷风渗透耗热量主要取决于渗透冷空气量L。渗入室内的冷空气量L根据不同的朝向，可按下式确定：

$$L = l L_0 m^b \tag{1-4}$$

式中　L_0——通过每米门窗缝隙进入室内的理论渗透冷空气量，$\text{m}^3/(\text{m} \cdot \text{h})$；

　　　l——门窗缝隙的计算长度，m；

　　　m——门窗的冷风渗透压差综合修正系数；

　　　b——门窗缝隙渗风指数，$b = 0.56 \sim 0.78$，当无实测数据时，可取$b = 0.67$。

$L_0 m^b$表示通过每米门窗缝隙进入室内的实际渗透冷空气量。

①通过每米门窗缝隙进入室内的理论渗透冷空气量L_0是指在基准高度（我国气象部门规定，风速观测的基准高度是$h_0 = 10 \ \text{m}$）时单独风压作用下，不考虑朝向修正和建筑物内部隔断情况时，通过每米门窗缝隙进入室内的理论渗透冷空气量，按下式计算：

$$L_0 = \alpha \left(\frac{\rho_w v_0^2}{2} \right)^b \tag{1-5}$$

式中　v_0——基准高度冬季室外最多风向的平均风速，m/s，见《工业建筑供暖通风与空气调节设计规范》（GB 50019—2015）；

　　　α——外门窗缝隙渗风系数，$\text{m}^3/(\text{m} \cdot \text{h} \cdot \text{Pa}^b)$，当无实测数据时，按表1-2采用。

表 1-2 外门窗缝隙渗风系数 α 下限值

建筑外窗空气渗透性能分级	Ⅰ	Ⅱ	Ⅲ	Ⅳ	Ⅴ	Ⅵ	Ⅶ	Ⅷ
$\alpha/[\mathrm{m^3 \cdot (m \cdot h \cdot Pa^{0.67})^{-1}}]$	0.1	0.2	0.3	0.4	0.5	0.6	0.75	0.86

②冷风渗透压差综合修正系数 m。实际上通过每米门窗缝隙进入室内的冷风渗透量的影响因素有很多，因此，根据理论渗透冷空气量计算实际渗透冷空气量时，m 是综合考虑在风压与热压共同作用下不同建筑物体形、内部隔断和空气流通等因素，不同朝向、不同高度门、窗的冷风渗透压差综合修正系数。

《工业建筑供暖通风与空气调节设计规范》(GB 50019—2015)推荐，冷风渗透压差综合修正系数 m 值按下式计算：

$$m = C_r \Delta C_f (n^{\frac{1}{b}} + C)C_h \tag{1-6}$$

式中 C_r——热压系数，表示在单独热压作用下，门窗缝隙内外空气的有效热压差与相应高度的理论热压的比值。当无条件精确计算时，为了便于计算且偏安全，C_r 可取下限值 0.2；

ΔC_f——风压差有效作用系数，简称风压差系数，表示在单独风压作用下，门窗缝隙内外空气的有效风压差与相应高度的理论风压差的比值。当无实测数据时，可取 $\Delta C_f = 0.7$；

n——单纯风压作用下，渗透空气量的朝向修正系数，见附表 1-1；

C——作用于门窗上的有效热压差与有效风压差之比，简称压差比。

C_h——高度修正系数，按下式计算：

$$C_h = 0.3h^{0.4} \tag{1-7}$$

式中 h——计算门窗的中心线标高($h < 10$ m 时应按基准高度 10 m 计算)，m。

有效热压差与有效风压差之比，按下式计算：

$$C = 70 \frac{(h_z - h)}{\Delta C_f \, v_0^2 h^{0.4}} \cdot \frac{t'_n - t'_w}{273 + t'_n} \tag{1-8}$$

式中 h_z——单纯热压作用下，建筑物中和面的标高，m，可取建筑物总高度的 1/2；

t'_n——建筑物内形成热压作用的竖井计算温度，℃。

(2)对于多层建筑的渗透冷空气量，可按下式计算：

$$L = L'_0 ln \tag{1-9}$$

式中 L'_0——每米门窗缝隙渗入室内的空气量，按当地冬季室外平均风速，采用表 1-3 的数据，$\mathrm{m^3/(m \cdot h)}$；

l——门窗缝隙的计算长度，m；

n——渗透空气量的朝向修正系数，见附表 1-1。

表 1-3 每米门窗缝隙渗入室内的空气量 L'_0 $\mathrm{m^3/(m \cdot h)}$

门窗类型	冬季室外平均风速/$(\mathrm{m \cdot s^{-1}})$					
	1	2	3	4	5	6
单层木窗	1.0	2.0	3.1	4.3	5.5	6.7
双层木窗	0.7	1.4	2.2	3.0	3.9	4.7

门窗类型	冬季室外平均风速/(m·s⁻¹)					
	1	2	3	4	5	6
单层钢窗	0.6	1.5	2.6	3.9	5.2	6.7
双层钢窗	0.4	1.1	1.8	2.7	3.6	4.7
推拉铝窗	0.2	0.5	1.0	1.6	2.3	2.9
平开铝窗	0.0	0.1	0.3	0.4	0.6	0.8

注：1. 每米外门缝隙渗入的空气量，为表中同类型外窗的 2 倍。

2. 当有密封条时，表中数据可乘以 0.5～0.6 的系数

2. 换气次数法

在多层民用建筑中，由于缺乏相关数据，可采用式(1-9)计算室内渗透冷空气量 $L(\text{m}^3/\text{h})$，然后通过式(1-3)计算冷风渗透耗热量 Q_2'。

$$L = kV \tag{1-10}$$

式中　V——房间体积，m^3；

k——换气次数，次/h，当无实测数据时，可采用表 1-4 的数据。

表 1-4　换气次数

房间类型	一面有外窗房间	两面有外窗房间	三面有外窗房间	门厅
$k/(\text{次} \cdot \text{h}^{-1})$	0.5	0.5～1.0	1.0～1.5	2.0

3. 百分数法

工业建筑一般层高较高，室内外温差产生的热压相对较大，冷风渗透耗热量可以根据建筑物的高度和玻璃窗层数，按照表 1-5 中的百分数进行估算。

表 1-5　冷风渗透耗热量占围护结构总耗热量的百分率　　　　　　　　　%

建筑物高度/m		<4.5	4.5～10.0	>10.0
玻璃窗层数	单层	25	35	40
	单层、双层均有	20	30	35
	双层	15	25	30

(五)围护结构的最小传热阻与经济传热阻

建筑物在冬季正常供暖时，应满足使用、卫生和经济要求，具有一定的保温性能，这就需要用围护结构的最小传热阻和经济传热阻来评价。

1. 围护结构最小传热阻与经济传热阻的概念

传热阻是指物体传热过程中妨碍热量流动的程度。确定围护结构传热阻时，围护结构内表面温度 τ_n 是一个重要的约束条件，除浴室等相对湿度较大的房间，τ_n 值应满足内表面不出现结露的要求，内表面结露可导致耗热量增大和使围护结构易于损坏。室内温度 t_n 与围护结构内表面温度 τ_n 的差值还要确保卫生舒适的要求。当围护结构内表面温度过低时，人体向外辐射热过多，会产生不舒适感。根据上述要求而确定的外围护结构的传热阻，称

为围护结构最小传热阻。

在一个规定年限内，使建筑物的建造费用和经营费用之和最小的围护结构传热阻称为围护结构经济传热阻。建造费用主要包括建筑物土建部分和供暖系统的建造费用。经营费用主要包括建筑物土建部分和供暖系统的折旧费、维修费及系统的运行管理费（水电费、工资、燃料费等）。

2. 围护结构最小传热阻的确定

工程中围护结构最小传热阻按下式确定：

$$R_{0 \cdot \min} = \frac{\alpha(t_n - t_w)}{\Delta t_y} R_n \tag{1-11}$$

式中 $R_{0, \min}$——围护结构最小传热阻，$m^2 \cdot \text{℃/W}$；

Δt_y——供暖室内计算温度与围护结构内表面温度的允许温差，℃，按表 1-6 取值；

t_w——冬季围护结构室外计算温度，℃；

R_n——围护结构内表面换热热阻，$m^2 \cdot \text{℃/W}$。

表 1-6　允许温差 Δt_y 值　　　　　　℃

建筑物及房间类别	外墙	屋顶
室内空气干燥或正常的工业企业辅助建筑物	7.0	5.5
室内空气干燥的生产厂房	10.0	8.0
室内空气湿度正常的生产厂房	8.0	7.0
室内空气潮湿的公共建筑、生产厂房及辅助建筑物： 当不允许墙和顶棚内表面结露时 当仅不允许顶棚内表面结露时	$t_n - t_1$ 7.0	$0.8(t_n - t_1)$ $0.9(t_n - t_1)$
室内空气潮湿且具有腐蚀性介质的生产厂房	$t_n - t_1$	$t_n - t_1$
室内散热量大于 23 W/m^3，且计算相对湿度不大于 50% 的生产厂房	12.0	12.0
注：1. 室内空气干湿程度的区分应根据室内温度和相对湿度按《工业建筑供暖通风与空气调节设计规范》（GB 50019—2015）中表 5.1.6-5 确定。 　　2. 与室外空气相通的楼板和非供暖地下室上面的楼板，其允许温差 Δt_y 值可采用 2.5 ℃； 　　3. t_n 为冬季室内计算温度，t_1 为在室内计算温度和相对湿度状况下的露点温度，℃。		

式（1-11）是按稳定传热计算的。实际上，随着室外温度波动，围护结构内表面温度也随之波动。热惰性不同的围护结构，在相同的室外温度波动下，围护结构的热惰性越大，则内表面温度波动就越小。因此，工程设计采用热惰性指标 D 来规定冬季室外计算温度 t_w，按围护结构的热惰性指标，D 值分成四个等级，见表 1-7。

表 1-7　冬季围护结构室外计算温度　　　　　　℃

围护结构类型	热惰性指标 D 值	t_w 的取值
I	>6.0	$t_w = t'_w$
II	4.1～6.0	$t_w = 0.6t'_w + 0.4t_{p, \min}$
III	1.6～4.0	$t_w = 0.3t'_w + 0.7t_{p, \min}$
IV	≤1.5	$t_w = t_{p, \min}$
注：表中 t'_w 和 $t_{p, \min}$ 分别为供暖室外计算温度和历年最低日平均温度，℃。		

匀质多层材料组成的平壁围护结构的 D 值，可按下式计算：

$$D = \sum_{i=1}^{n} D_i = \sum_{i=1}^{n} R_i S_i \qquad (1\text{-}12)$$

式中　R_i——各层材料的换热阻，$\mathrm{m^2 \cdot ℃/W}$；

　　　S_i——各层材料的蓄热系数，$\mathrm{W/(m^2 \cdot ℃)}$。

材料的蓄热系数 S 值，可由下式求出：

$$S = \sqrt{\frac{2\pi c \rho \lambda}{Z}} \qquad (1\text{-}13)$$

式中　c——材料的比热，$\mathrm{J/(kg \cdot ℃)}$；

　　　ρ——材料的密度，$\mathrm{kg/m^3}$；

　　　λ——材料的导热系数，$\mathrm{W/(m \cdot ℃)}$；

　　　Z——温度波动周期，s，一般取 $24\ \mathrm{h} = 86\ 400\ \mathrm{s}$ 计算。

知识拓展：建筑物的
失热量和得热量

任务三　采暖工程施工图识读

识读、绘制室内供
暖系统施工图训练

一、采暖施工图识读要求

(1)线型。采暖供热、供汽干管、立管用单根粗实线绘制；采暖回水(凝结)水管用单根粗虚线绘制；散热器及连接支管用中粗实线绘制；建筑物部分均用细实线绘制。

(2)比例。采暖平面图、系统图的常用比例为 1∶50、1∶100；采暖详图的常用比例为 1∶1、1∶2、1∶5、1∶10、1∶20。

(3)图例。采暖设备及配件均采用国标规定的图例表示，见表 1-8～表 1-10。

表 1-8　采暖图例——管道与附件

序号	名称	图例	说明	序号	名称	图例	说明
1	管道	——	用于一张图内只有一种管道	6	套管伸缩器		
		——A——	用汉语拼音字母表示管道类别	7	波形伸缩器		
		——F——		8	弧形伸缩器		
		-------	用图例表示管道类别	9	球形伸缩器		
2	采暖供水管(气管) 采暖回水(凝结)管	—— ------		10	流向		
				11	丝堵		
3	保暖管		可用说明代替	12	滑动支架		
4	软管			13	固定支架		左图：单管 右图：双管
5	方形伸缩器						

表 1-9 采暖图例——采暖配件

序号	名称	图例	说明	序号	名称	图例	说明
1	截止阀	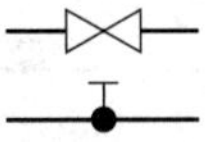		10	疏水器	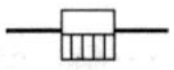	
2	闸阀			11	散热器三通阀		
3	止回阀			12	球阀		
4	安全阀			13	电磁阀		
5	减压阀		左侧：底压 右侧：高压	14	角阀	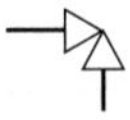	
6	膨胀阀			15	三通阀		
7	散热器放风门	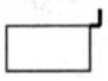		16	四通阀	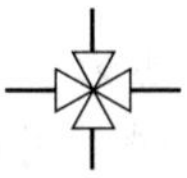	
8	手动排气阀			17	节流孔板	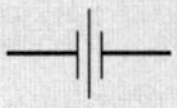	
9	自动排气阀			18	蝶阀	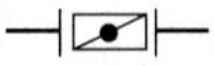	

表 1-10 采暖图例——采暖设备

序号	名称	图例	说明
1	散热器	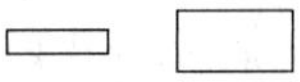	左图：平面 右图：立面
2	集气罐	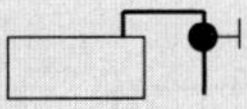	
3	管道器		
4	过滤器		
5	除污器	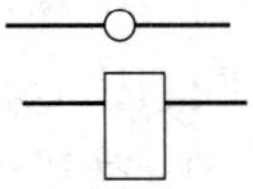	上图：平面 下图：立面
6	暖风机	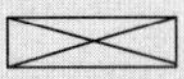	

（4）标高与坡度。管道应标注管中心标高，一般标注在管段的始端或末端；散热器宜标注底标高，同一层、同标高的散热器只标注右端的一组。

管道的坡度用单面箭头表示，数字表示管道铺设坡度，箭头表示坡向的下方。

（5）管道的转向、连接、交叉的表示（图1-6）。

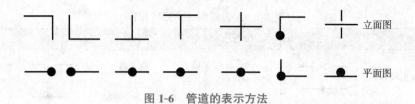

图 1-6　管道的表示方法

(6)中断表示。中断表示即管道在本图中断，转至其他图上或管道由其他图引来时的表示方法(图 1-7)。

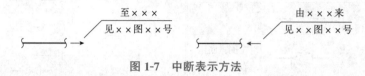

图 1-7　中断表示方法

(7)管径标注法。管径应标注公称直径，如 $DN15$ 等。一般标注在管道变径处，水平管道标注在管道线上方，斜管道标注在管道斜上方，竖直管道标注在管道左侧，当管道无法按上述位置标注时，可用引出线引出标注。

(8)供暖立管与供暖入口编号。

①供暖立管的编号：L_n：L——供暖立管代号，n——立管编号(阿拉伯数字)。

②供暖入口编号：R_n：R——供暖入口代号，n——立管编号(阿拉伯数字)。

(9)散热器的规格及数量的标注(图 1-8)。

①柱式散热器只标注数量，如 14；

②圆翼型散热器应标注根数、排数，如 $2×2$；

③光管散热器应标注管径、长度和排数，如 $D76×3\,000×3$；

④串片式散热器应标注长度和排数，如 $1.0×2$。

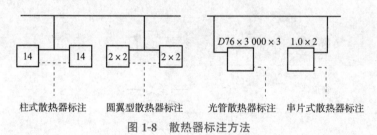

图 1-8　散热器标注方法

二、采暖工程施工图的内容

采暖施工图一般由设计说明、平面图、系统图(轴测图)、详图、设备及主要材料明细表组成。采暖施工图设计应严格按照国家建设标准《民用建筑供暖通风与空气调节设计规范》(GB 50736—2012)和《暖通空调制图标准》(GB/T 50114—2010)执行。

(一)设计与施工说明

供暖设计说明书一般写在图纸的首页上，内容较多时也可单独使用一张图，主要内容有：热媒及其参数；建筑物总热负荷；热媒总流量；系统形式；管材和散热器的类型；管子标高是指管中心还是指管底；系统的试验压力；保温和防腐的规定以及施工中应注意的问题等。图 1-9 所示为某学校实训楼采暖工程设计与施工说明。

设计施工说明

    (1)本工程为某学校实训楼采暖设计。

    (2)室内设计参数。

    (3)采暖热媒采用 80 ℃/60 ℃热水，由外网集中供应，系统定压由外网解决。系统最大热负荷及入口处所需最低值压力见系统图入口处标注。本工程采用上供下回单管顺序式采暖系统。

    (4)管材采用热镀锌钢管，丝扣连接。散热器选用铜铝复合散热器，同侧进、出口中心距 700 mm 挂装。散热量不小于 172 W/柱（$\Delta T = 64.5$ ℃）。单柱长为 80 mm，宽为 75 mm。立、支管管径均为 DN20。

    (5)管道穿楼板，墙、梁处配合土建预埋大号钢套管，楼板内套管顶部高出地面 2 cm，底部相平，墙内套管两端与饰面平齐。穿厕所的管道与套管间填实油麻。管道穿沉降缝处设橡胶挠性接管连接。

    (6)供水干管、回水干管最高处设置 E121 型自动排气阀。

    (7)楼梯间、走道及不采暖房间内管道均采用 3 cm 超细玻璃棉管壳保温，外包铝箔，做法见国家标准 87R411。

    (8)管道上必须配置必要的支架、吊架、托架，具体形式由施工及监理单位根据现场实际情况确定，做法参见国家标准 88R420。

图 1-9　某办公楼采暖工程设计与施工说明

(二)平面图

    平面图是用正投影原理，采用水平全剖的方法，连同房屋平面图一起画出的，如图 1-10 和图 1-11 所示。

1. 首层平面图

    除有与楼层平面图相同的有关内容外，还应标明供暖引入口的位置、管径、坡度及采用标准图号(或详图号)。下分式系统标明干管的位置、管径和坡度；上分式系统标明回水干管(蒸汽系统为凝水干管)的位置、管径和坡度。管道地沟敷设时，平面图中还要标明地沟位置和尺寸。

2. 楼层平面图

    楼层平面图指中间层(标准层)平面图，应标明散热设备的安装位置、规格、片数(尺寸)及安装方式(明设、暗设、半暗设)，立管的位置及数量。

3. 顶层平面图

    除有与楼层平面图相同的内容外，对于上分式系统，要标明总立管、水平干管的位置；干管管径大小、管道坡度以及干管上的阀门、管道固定支架及其他构件的安装位置；热水供暖要标明膨胀水箱、集气罐等设备的位置、规格及管道连接情况。

(三)系统图

    系统图是指表示供暖系统空间布置情况和散热器连接形式的立体轴测图，反映系统的空间形式。系统采用前实后虚的画法，表达前后的遮挡关系。系统图上标注各管段管径的大小，水平管的标高、坡度、散热器及支管的连接情况，对照平面图可反映系统的全貌。图 1-12 所示为某学校实训楼采暖工程系统图。

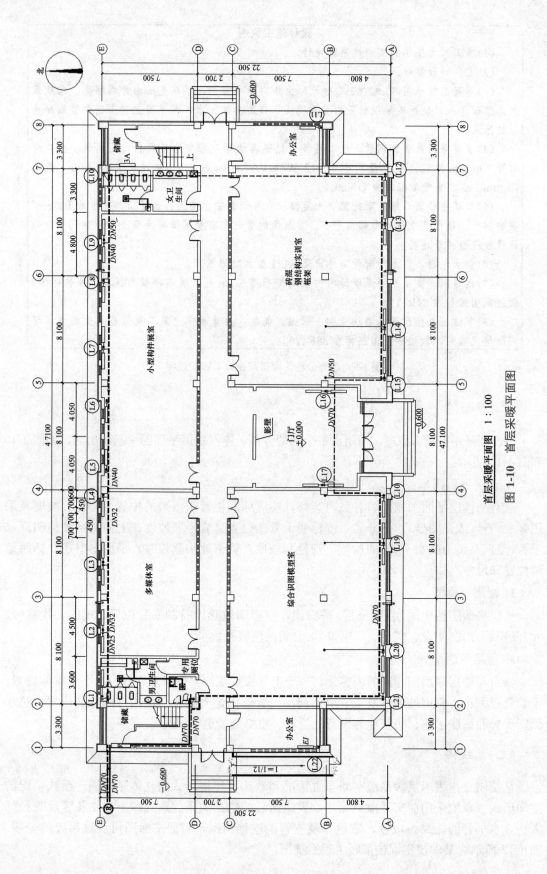

首层采暖平面图 1：100

图 1-10 首层采暖平面图

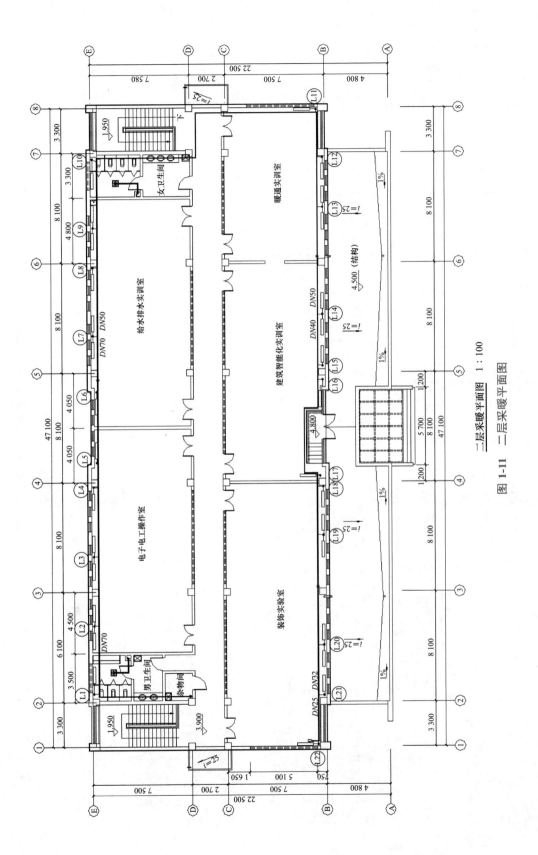

二层采暖平面图 1:100

图 1-11 二层采暖平面图

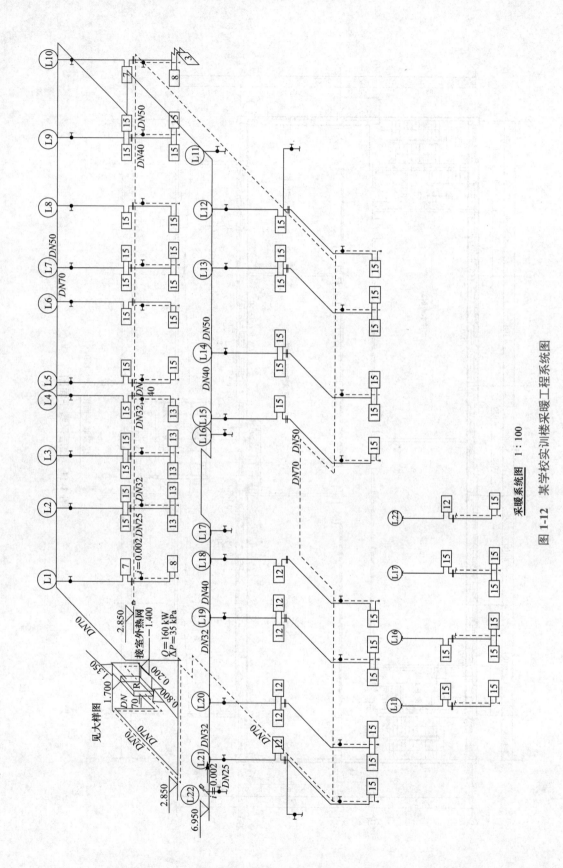

采暖系统图 1 : 100

图 1-12 某学校实训楼采暖工程系统图

（四）详图

供暖平面图和系统图难以表达清楚而又无法用文字加以说明的问题，可以用详图表示。详图包括有关标准图和绘制的节点详图。

（1）标准图。在设计中，有的设备、器具的制作和安装，某些节点的结构做法和施工要求是通用的、标准的，因此，设计时直接选用国家和地区的标准图集和设计院的重复使用图集，不再绘制这些详细图样，只在设计图纸上注出选用的图号，即通常使用的标准图。有些图是施工中通用的，但非标准图集中使用的，所以，习惯上人们把这些图与标准图集中的图一并称为重复使用图。

（2）节点详图。节点详图是用放大的比例尺画出复杂节点的详细结构，一般包括用户入口、设备安装、分支管大样、过门地沟等。

（五）设备及主要材料明细表

在设计供暖施工图时，应把工程所需的散热器的规格和分组片数、阀门的规格型号、疏水器的规格型号以及设计数量和质量列在设备表中；把管材、管件、配件以及安装所需的辅助材料列在主要材料表中，以便做好工程开工前的准备。

知识链接

采暖工程施工图识读中应注意的问题

在采暖工程施工图识读中一般应注意以下问题：

（1）通常立管与水平干管在安装时与墙面距离是不相等的，也就是说立管和干管不在同一平面，但在实际作图中为了简化作图，并没有将立管和干管的拐弯连接处表示出来。

（2）在热水采暖系统的上分式系统中最高点设有集气罐，因此，顶层房间的高度应考虑保证集气罐（或自动排气阀）的安装空间。

（3）热水采暖系统和蒸汽采暖系统水平干管具有相反的管道坡向，并且各自的坡度值要求严格，因此在预留支架、孔洞位置时应准确。

另外，识读过程中除熟悉本系统施工图外，还应了解土建图纸中的地沟、预留孔洞、沟槽预埋件的位置是否相符，与其他专业（如水、电）图纸的管道布置及走向有无碰撞的矛盾等，如发现问题应及时与相关专业人员协商解决。

思考与练习

1. 什么是供热？什么是采暖？一个供热系统由哪几个部分组成？
2. 采暖系统按供热范围可分为哪几类？
3. 什么是自然循环热水采暖系统？该系统由哪几个部分组成？
4. 蒸汽采暖系统按管路布置形式不同可分为哪些系统？
5. 采暖工程施工图的内容一般包括哪些内容？

项目二　采暖系统的散热设备

知识目标

1. 了解对散热器的要求，熟悉散热器的种类。
2. 掌握与散热器有关的计算，会选用散热器。
3. 了解辐射采暖的定义及特点，熟悉辐射采暖的分类。
4. 掌握辐射板的形式、低温热水辐射采暖系统。
5. 掌握膨胀水箱、散热器温控阀、锁闭阀、热量表、除污器、调压板的构造。

能力目标

通过本项目的学习，能够熟练正确地进行散热器面积及片数的计算，能够了解常用散热器的特点和适用条件，以及附属设备的构造及选择。

素质目标

1. 有明确目标，有时间观念，有团队意识，有互助精神。
2. 在学习过程中不断进行反思，乐于向他人学习，通过学习提升自我。

任务一　散热器

一、对散热器的要求

散热器是最常见的室内采暖系统末端散热装置，其功能是将采暖系统的热媒(蒸汽或热水)所携带的热量，通过散热器壁面传给房间。随着经济的发展及物质技术条件的改善，市场上的散热器种类不断增多。对于选择散热器的基本要求，主要考虑以下几点。

1. 热工性能方面的要求

散热器的传热系数 K 值越高，说明其散热性能越好。提高散热器的散热量，增大散热器传热系数可以采用增加外壁散热面积(在外壁上加肋片)、提高散热器周围空气流动速度和增加散热器向外辐射强度等方法。

2. 经济方面的要求

散热器传给房间的单位热量所需金属量越少，成本越低。散热器的金属热强度是评价散热器经济性能的重要指标。金属热强度是指散热器内热媒平均温度与室内空气温差为

1 ℃ 时，每千克质量散热器单位时间所散出的热量。即

$$Q=K/G \qquad (2\text{-}1)$$

式中　Q——散热器的金属热强度，$W/(kg \cdot ℃)$；

　　　K——散热器的传热系数，$W/(m^2 \cdot ℃)$；

　　　G——散热器每平方米散热器面积的质量，kg/m^2。

对于同一材质的散热器，可采用金属热强度衡量其经济性，Q 越大说明散出同样热量所需的金属质量越小，经济性越高；对于各种不同材质的散热器，其经济性能评价标准宜采用散热器单位散热量的成本(元/W)来衡量。

3. 安装、使用和生产工艺方面的要求

散热器应具有一定的机械强度和承压能力；散热器的结构形式应便于组合成所需要的散热面积，结构尺寸要小，少占房间面积和空间；散热器的生产工艺应满足大批量生成的要求。

4. 卫生美观方面的要求

散热器外表光滑美观，不易积灰，易于清洁，与建筑装饰相协调。

5. 使用寿命方面的要求

散热器应不易被腐蚀和破坏，使用寿命长。

特 别 提 醒

> 散热器一般布置在房间外窗下，这样其表面散出的热气流容重小而自行向上升，能阻止或减弱从外窗下降的冷气流，使流经工作地带的空气比较暖和。但双层门外室和门斗中不宜设置散热器，以防散热器冻裂。

二、散热器的种类

散热器的种类

(一)铸铁散热器

铸铁散热器是由铸铁浇筑而成的，结构简单，具有耐腐蚀、使用寿命长、热稳定性好等特点，因而被广泛应用。工程常用的铸铁散热器有翼形散热器和柱形散热器两种。

1. 翼型散热器

翼型散热器又分为长翼型散热器和圆翼型散热器。

长翼型散热器如图 2-1 所示，其表面上有许多竖向肋片。外壳内有一扁盒状空间。有高 600 mm、长 280 mm 的紧身肋片 14 片和高 600 mm、长 200 mm 的竖向肋片 10 片两种，习惯上称前者为大 60，后者为小 60。长翼型散热器制造工艺简单，耐腐蚀，外形较美观，但承压能力较低，多用于民用建筑中。

圆翼型散热器如图 2-2 所示，是一根管外面带有许多圆肋片的铸件。管子内的规格有 D50 和 D75 两种，所带肋片分为 24 片和 47 片，管长为 1 m，两端有法兰可以串联相接。圆翼型散热器单节散热面积较大，承压能力较强，造价低，但外形不美观，常用于对美观要求较低的公共建筑和灰尘较少的工业厂房中。

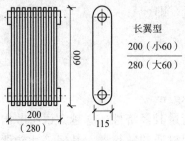

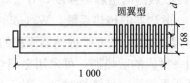

图 2-1　长翼型散热器(单位：mm)　　　　图 2-2　圆翼型散热器(单位：mm)

2. 柱形散热器

柱形散热器是单片的柱状连通体，如图 2-3 所示，每片各有几个中空的立柱相互连通，可根据散热面积的需要将各个单片组对成一组。柱形散热器常用的有二柱 M-132 型、二柱 700 型、四柱 813 型和四柱 640(760)型等。

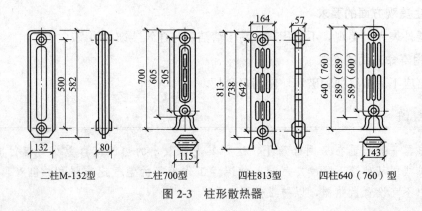

二柱M-132型　　　　二柱700型　　　　四柱813型　　　　四柱640(760)型

图 2-3　柱形散热器

特 别 提 醒

柱形散热器与翼形散热器相比，传热系数大，外形美观，表面光滑，易于清洗，但制造工艺复杂。

(二)钢制散热器

目前我国生产的钢制散热器主要有以下几种形式。

1. 闭式钢串片对流散热器

闭式钢串片对流散热器由钢管、钢串片、联箱及管接头组成(图 2-4)。钢管上的串片为 0.5 mm 厚的薄钢片，串片两端折边 90°形成封闭垂直空气通道，从而增强对流换热，同时使串片不易损坏。闭式钢串片对流散热器规格以"高×宽"表示，其长度可按设计要求制作。

2. 钢制板形散热器

钢制板形散热器由面板、背板、进出水口接头、放水门固定套及上下支架组成(图 2-5)。背板有带对流片和不带对流片两种。面板、背板多用 1.2～1.5 mm 厚的冷轧钢板冲压成形。在面板上直接压出呈圆弧形或梯形的散热器水道。水平联箱压制在背板上，经复合滚焊形成整体。为增大散热面积，在背板后面焊 0.5 mm 厚的冷轧钢板对流片。

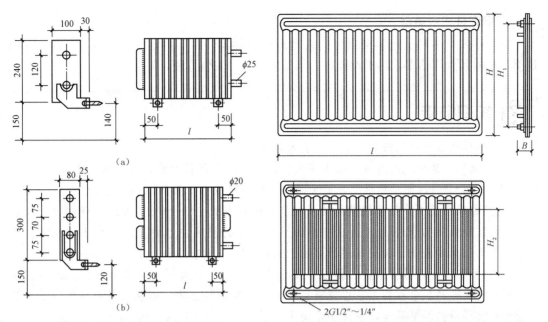

图 2-4 闭式钢串片对流散热器示意(单位：mm)

(a)240×100 型；(b)300×80 型

图 2-5 钢制板形散热器示意(单位：mm)

3. 钢制柱形散热器

钢制柱形散热器的构造与铸铁柱形散热器相似，每片也有几个中空立柱(图 2-6)。该类型散热器采用 1.25～1.5 mm 厚的冷轧钢板冲压延伸形成片状半柱形，将两片片状半柱形经压力滚焊复合成单片，单片之间经气体弧焊连接成散热器。

4. 钢制扁管形散热器

钢制扁管形散热器是由数根矩形钢制扁管叠加焊接成排管，再与两端联箱形成水流通路，如图 2-7 所示。

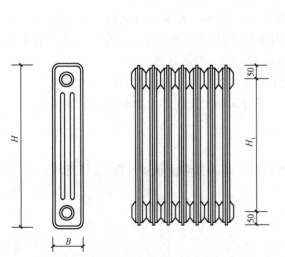

图 2-6 钢制柱形散热器示意(单位：mm)

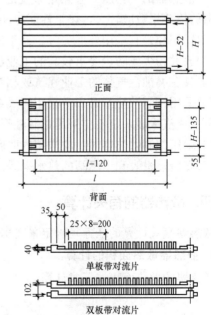

图 2-7 钢制扁管形散热器示意(单位：mm)

5. 钢管柱式散热器

钢管柱式散热器是近年来出现的新型高档散热器，主要由钢管水平或垂直排列而成。这类散热器系列规格多，热工性能好，承压能力高，安装方便，外形美观。

📖 知识链接

钢制散热器与铸铁散热器相比，具有以下特点：

(1)金属耗量少。钢制散热器大多数由薄钢板压制焊接而成，金属热强度可达 0.8～1.0 W/(kg·℃)，而铸铁散热器的金属热强度一般仅为 0.3 W/(kg·℃)左右。

(2)耐压强度高。铸铁散热器的承压能力一般为 $P_b=0.4\sim0.5$ MPa。钢制板形及柱形散热器的最高工作压力可达 0.8 MPa；钢串片的承压能力更高，可达 1.0 MPa。因此，从承压角度来看，钢制散热器适用于高层建筑采暖系统和热水采暖系统。

(3)外形美观，易清洁，占地小，便于布置。例如，板形和扁管形散热器还可以在外表面喷刷各种颜色和图案，以便与建筑和室内装饰相协调。钢制散热器高度较低，扁管形和板形散热器厚度薄，占地小，便于布置。

(4)除钢制柱形散热器外，钢制散热器的水容量较小，热稳定性差。在供水温度偏低而又采用间歇采暖时，散热效果明显偏低。

(5)钢制散热器的最主要缺点是容易被腐蚀，使用寿命比铸铁散热器短。

三、散热器的选用

设计选择散热器时，除需考虑散热器在热工性能、经济、安装使用、卫生美观及使用寿命等方面的要求外，还应符合下列原则性的规定。

(1)散热器的工作压力应满足系统的工作压力，并符合国家现行有关产品标准的规定。散热器的传热系数应较大，热工性能应能满足采暖系统的要求。

(2)民用建筑宜采用外形美观、易于清洁的散热器。

(3)放散粉尘或防尘要求较高的工业建筑，应采用易于清洁的散热器。

(4)具有腐蚀性气体的工业建筑或相对湿度较大的房间，应采用耐腐蚀的散热器。

(5)采用钢制散热器时，应采用闭式系统并满足产品对水质的要求；在非供热季节应充水保养；蒸汽采暖系统不应采用钢制柱形、板形和扁管形等散热器。

(6)采用铝制散热器时，应选用内防腐型铝制散热器，并满足水质对产品的要求。

(7)安装热量表和恒温阀的热水采暖系统，不宜采用水流通道内含有黏砂的散热器。

四、散热器的有关计算

散热器有关计算的任务是确定采暖房间所需散热器的散热面积和片数(或长度)。

1. 散热器散热面积的计算

散热器的散热面积按下式计算：

$$F=\frac{Q}{K(t_{pj}-t_n)}\beta_1\beta_2\beta_3 \tag{2-2}$$

式中　F——散热器的散热面积，m^2；

　　　Q——散热器的散热量，W；

　　　K——散热器的传热系数，$W/(m^2 \cdot ℃)$；

　　　t_{pj}——散热器内热媒平均温度，℃；

　　　t_n——供暖室内温度，℃；

　　　β_1——散热器组装片数修正系数；

　　　β_2——散热器连接方式修正系数；

　　　β_3——散热器安装形式修正系数。

散热器面积及片数
的计算方法

散热器面积及片数
的计算示例

散热器片数或长度可按下式计算：

$$n=\frac{F}{f} \tag{2-3}$$

式中　f——每片或每米长的散热器面积，$m^2/片$ 或 m^2/m；

　　　n——散热器片数或长度；

　　　F——散热器的散热面积。

计算散热器的散热面积时，由于每组片数或总长度未定，可先假定 $\beta_1=1$ 进行计算，计算出 F 和 n 的初始值，然后根据每组的片数或长度乘以修正系数 β_1，最后确定散热面积。一般来说，柱形散热器的散热面积可比计算值小 $0.1\ m^2$（片数只能取整数），翼形和其他散热器的散热面积可比计算值小 5%。

2. 散热器内热媒平均温度 t_{pj}

散热器内热媒平均温度 t_{pj} 随采暖热媒（蒸汽或热水）参数和采暖系统形式而定。在热水供暖系统中，t_{pj} 为散热器进口、出口水温的平均值：

$$t_{pj}=(t_{sg}+t_{sh})/2 \tag{2-4}$$

式中　t_{sg}——散热器进口水温度，℃；

　　　t_{sh}——散热器出口水温度，℃。

（1）对于双管热水采暖系统，散热器的进口、出口水温分别为系统的设计供水、回水温度。

（2）对单管顺流热水供暖系统，每组散热器的进口、出口水温沿流动方向下降，因而，每组散热器的进口、出口水温必须逐一分别计算。

3. 散热器的传热系数 K

散热器传热系数 K 表示散热器内热媒平均温度 t_{pj} 与室内空气温度 t_n 相差 1℃ 时每平方米散热面积所散出的热量，单位为 $W/(m^2 \cdot ℃)$。它是表征散热器散热能力强弱的指标。

散热器的传热过程是由热媒与散热器内表面间的对流换热、散热器壁的导热、散热器外表面与周围空气对流换热和与周围物体间辐射换热三个传热过程组成的。所有影响各个传热过程的因素都成为影响散热器传热系数的因素：散热器的制造情况（如采用的材料、结构形式、几何尺寸、表面喷涂等因素）和散热器的使用条件（如使用的热媒、温度、流量、室内空气温度及流速、安装方式及组合片数等因素），都综合地影响散热器的散热性能，因此，难以用理论的数学模型表征出各种因素对散热器传热系数 K 值的影响。其通常通过实验方法确定，按附表 2-1、附表 2-2 选用。

散热器的传热系数 K 值和散热量 Q 值是在一定的条件下，通过实验测定的。若实际使用情况与实验条件不同，散热器的传热系数 K 和散热量 Q 将发生变化，则应对所测实验值进行修正。式(2-2)中的 β_1、β_2 和 β_3 值正是考虑散热器的实际使用条件与测定实验条件不同，而对 K 值或 Q 值即对散热面积 F 引入的修正系数。

(1)散热器组装片数修正系数 β_1。柱形散热器以 10 片作为标定实验组合标准。在换热过程中，柱形散热器中间各相邻片间相互吸收辐射热，减少了向房间的辐射热量，只有两端散热器的外侧表面才能把绝大部分辐射热量传递给室内。随着柱形散热器片数的增加，其外侧表面占总散热面积的比例减少，散热器单位散热面积向房间散热量减少，因而实际传热系数 K 减小，在热负荷一定的情况下散热面积应增大。散热器组装片数修正系数 β_1 值可按附表 2-3 选用。

(2)散热器连接方式修正系数 β_2。所有散热器传热系数和散热量标定实验关系式，都是在散热器支管与散热器同侧连接、上进下出的实验状况下整理得出的。当散热器支管与散热器的连接方式不同时，由于散热器外表面温度场变化的影响，散热器的传热系数发生变化。因此，对不同连接方式的散热器，应对其传热系数 K 值和散热量 Q 值予以修正。不同连接方式的散热器的修正系数 β_2 值可按附表 2-4 选用。

(3)散热器安装形式修正系数 β_3。散热器在房间内的安装形式有多种，如敞开装置、装在壁龛内、加装遮挡板等。实验公式 $K = f(\Delta t)$ 或 $Q = f(\Delta t)$，都是在散热器敞开装置情况下整理的。当安装形式不同时，散热器对流换热和辐射换热的条件发生变化，因而需对其 K 值和 Q 值进行修正。散热器安装形式修正系数 β_3 值可按附表 2-5 选用。

此外，一些实验表明，除以上三方面影响因素外还有其他影响因素：如在一定的连接方式和安装形式下，通过散热器的水流量大小对某些形式的散热器 K 值和 Q 值也有一定的影响。例如，在闭式钢串片对流散热器中，当流量减少较多时，肋片的温度明显降低。对不带肋片的散热器，水流量对 K 值和 Q 值的影响较小，可不修正。散热器表面涂料不同等，都会对其 K 值和 Q 值有影响。

在蒸汽采暖系统中，蒸汽在散热器内表面凝结放热，散热器表面温度均匀，在相同的计算热媒平均温度 t_{pj} 下(如热水散热器的进口、出口水温度为 130 ℃、70 ℃ 与蒸汽表压力低于 0.03 MPa 的情况相比)，蒸汽散热器的传热系数 K 值高于热水散热器的 K 值。

任务二 辐射采暖

一、辐射采暖的定义及特点

辐射采暖是指散热设备主要依靠辐射传热方式向房间供热的供暖方式，利用建筑物内部顶棚、墙面、地面或其他表面进行采暖的系统，辐射散热量占总散热量的 50% 以上。

辐射采暖是一种卫生条件和舒适标准都比较高的采暖形式。与对流采暖相比，辐射采暖具有以下特点：

(1)在对流采暖时，人体的冷热感觉主要取决于室内空气温度的高低。而辐射采暖时，人或物体受到辐射照度和环境温度的综合作用，人体感受的实感温度可比室内实际环境温度高 2~3 ℃。即在具有相同舒适感的前提下，辐射采暖的室内空气温度可比对流采暖时低 2~3 ℃。

(2)在辐射采暖系统中,人体和物体直接接受辐射热,减少了人体向外界的辐射散热量,人体会更舒适。

(3)辐射采暖时沿房间高度方向上温度分布均匀,温度梯度小,房间的无效损失减小,而且室温降低可以减少能源消耗。

(4)辐射采暖不需要在室内布置散热器,少占室内的有效空间,便于布置家具。

(5)辐射采暖房间减少了对流散热量,室内空气流动速度相应降低,避免了室内灰尘飞扬,有利于改善卫生条件。

(6)辐射采暖比对流采暖的初投资要高。

二、辐射采暖的分类

辐射采暖按其热媒种类不同,可分为热水辐射采暖、电热辐射采暖和燃气辐射采暖。辐射采暖按其散热设备构造可分为埋管式和组合式。将加热管(塑料管或发热电缆)埋设在建筑围护结构(顶棚、地板或墙体)表面内,将围护结构表面作为散热面的形式为埋管式;将金属板焊接于金属管组成散热面的形式为组合式。

辐射采暖系统的散热设备通常称为辐射板面。辐射采暖按其辐射板表面温度不同,可分为低温辐射采暖(表面温度低于 80 ℃)、中温辐射采暖(表面温度为 80~120 ℃)和高温辐射采暖(表面温度为 300~500 ℃)。

辐射采暖按其辐射板面位置不同,可分为顶面式、地面式等。中温辐射采暖的散热设备为钢制辐射板,以热水或蒸汽为热媒。钢制辐射板的特点是采用薄钢板、小管径和小管距。薄钢板的厚度一般为 0.5~1.0 mm,加热管通常为水煤气管,管径为 $DN15$、$DN20$、$DN25$;保温材料为蛭石、珍珠岩、岩棉等。钢制辐射板主要用于工业建筑,也可用于商场、体育馆、展览厅、车站等对美观与装饰要求不太高的大空间公共建筑中。

目前较多采用的辐射采暖主要有低温热水地板辐射采暖、发热电缆地面辐射采暖、顶棚电热膜辐射采暖、热水吊顶辐射采暖、燃气红外线辐射采暖。

三、低温热水辐射采暖系统

低温热水辐射采暖系统近几年得到了广泛的应用。低温热水辐射采暖辐射体表面平均温度应符合表 2-1 的要求。

表 2-1　辐射体表面平均温度　　　　　　　　　　　　　　　　　　　　　℃

设置位置	宜采用的温度	温度上限值
人员经常停留的地面	25~27	29
人员短期停留的地面	28~30	32
无人停留的地面	35~40	42
房间高度 2.5~3.0 m 的顶棚	28~30	—
房间高度 3.1~4.0 m 的顶棚	33~36	—
距地面 1 m 以下的墙面	35	—
距地面 1 m 以上 3.5 m 以下的墙面	45	—

在地面或楼板内埋管时地板结构层厚度 h:公共建筑 $h \geqslant 90$ mm,住宅 $h \geqslant 70$ mm(不含

地面层及找平层）。必须将盘管完全埋设在混凝土层内，管间距为 100～350 mm，盘管上部应有厚度不小于 50 mm 的覆盖层，覆盖层不宜过薄，否则人站在上面会有颤感。覆盖层应设伸缩缝，伸缩缝的设置间距与宽度应由计算确定。一般在面积超过 30 m² 或长度超过 6 m 时，宜设置间距小于或等于 6 m、宽度大于或等于 8 mm 的伸缩缝；面积较大时，伸缩缝的间距可适当增大，但不宜超过 10 m；伸缩缝宜从绝热层上边缘做到填充层的上边缘。当加热管穿过伸缩缝时，应设长度不小于 100 mm 的柔性套管，缝槽内填满弹性膨胀膏。加热管及其覆盖层与外墙、楼板结构层间应设绝热层。绝热层一般采用聚苯乙烯泡沫板，厚度不宜小于 25 mm。采暖绝热层敷设在土壤上时，绝热层下应做防潮层，以保证绝热层不致被水分侵蚀。在潮湿房间（如卫生间、厨房等）敷设盘管时，加热盘管覆盖层上应做防水层。低温热水地板辐射采暖系统如图 2-8 所示。

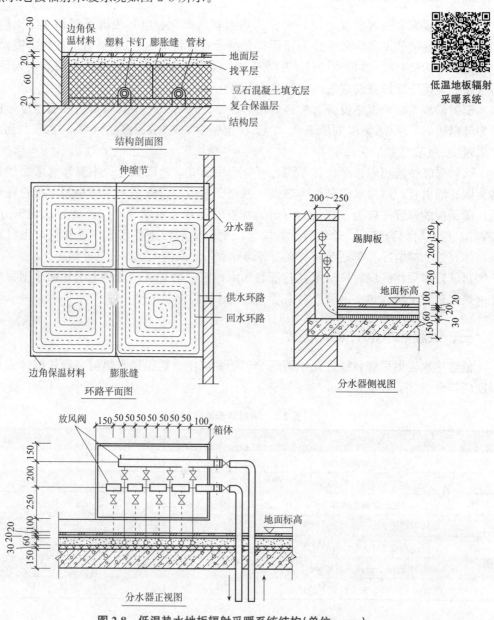

低温地板辐射
采暖系统

图 2-8　低温热水地板辐射采暖系统结构（单位：mm）

1. 加热管

加热管在整个低温热水地板辐射采暖系统中起到传递热量的作用，敷设于地面填充层内。常用地板采暖系统的加热管的形式有平行排管式(图 2-9)、蛇形排管式(图 2-10)、蛇形盘管式(图 2-11)三种。

平行排管式板面易于布置，板面温度变化较大，适合于各种结构的地面；蛇形排管式板面平均温度较均匀，但在较小板面面积上温度波动范围大，有 1/2 数目的弯头曲率半径小；蛇形盘管式板面温度也并不均匀，但只有两个小曲率半径弯头，施工方便。

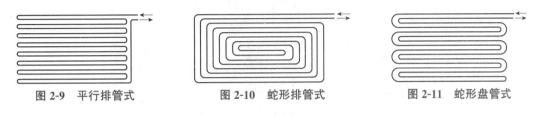

图 2-9　平行排管式　　　　图 2-10　蛇形排管式　　　　图 2-11　蛇形盘管式

特 别 提 醒

　　加热管应根据耐热年限、热媒温度和工作压力、系统水质、材料供应条件、施工技术和投资费用等因素来选择管材。

2. 分集水器

低温热水地板辐射采暖系统的主要设备是分集水器，如图 2-12 所示。分集水器用于连接各路加热供回水水量的分配、汇集的装置。按进水、回水分为分水器和集水器。整个低温热水地板辐射采暖系统的热水靠分水器将其均匀地分配到每支管路中，在加热管中放热后汇集到集水器，回到热源，如此不断循环保证整个采暖系统的安全、正常运行。低温热水地板辐射采暖系统中分集水器材质一般为紫铜或黄铜。

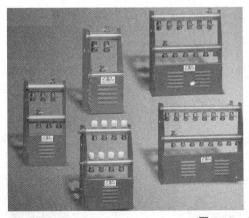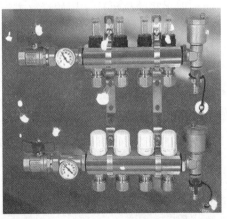

图 2-12　分集水器

低温热水地板辐射采暖系统中的分集水器管理多分支路管道，每个分集水器的分支环路不宜多于 8 路，每个分支环路的供水、回水管上均应设置可关闭阀门。分水器和集水器上均设排气阀、温控阀等。供水前端设 Y 形过滤器。分水器水管各个支管上均应设阀门，以调节水量的大小，实现分室控制室温，如图 2-13 所示。

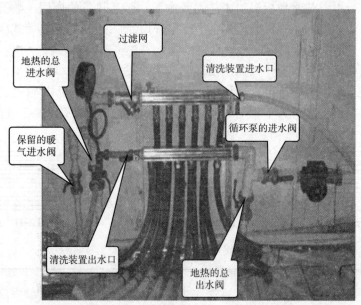

图 2-13　分集水器连接图

分集水器内径不应小于总供回水管内径，且分水器、集水器最大断面流速不宜大于 0.8 m/s。分集水器可设置于厨房、盥洗间、走廊两头，也可设置在内墙墙面内的槽中。分集水器宜在开始铺设加热管之前安装，且分水器安装在上，集水器安装在下，中心距宜为 200 mm，集水器中心距地面不应小于 300 mm。

3. 温控装置

温控装置用来控制室温，既可以分层控制温度，也可以分室控制温度，方便又节能。

4. 低温热水地板辐射采暖的计算

全面辐射采暖的热负荷常用的计算方法如下：

$$Q'_f = \varphi Q' \tag{2-5}$$

式中　Q'——根据对流采暖系统耗热量计算方法得出的设计耗热量，W；

　　　Q'_f——全面辐射采暖的设计耗热量，W；

　　　φ——修正系数，$\varphi = 0.8 \sim 0.9$。

确定全面辐射采暖设计耗热量后，即可确定所需的块状或带状辐射板的块数 n：

$$n = \frac{Q'_f}{q} \tag{2-6}$$

式中　q——单块辐射板的散热量，W；

　　　Q'_f——全面辐射采暖的设计耗热量，W。

四、钢制辐射板

（一）钢制辐射板的形式

知识拓展：某住宅内
地热盘辐射平面图

在辐射采暖系统中，有一种形式是采用钢制辐射板作为散热设备。它以辐射传热为主，使室内有足够的辐射强度，以达到供暖的目的。根据辐射板长度的不同，钢制辐射板分为块状辐射板和带状辐射板两种形式。

图 2-14 所示为块状辐射板构造示意。

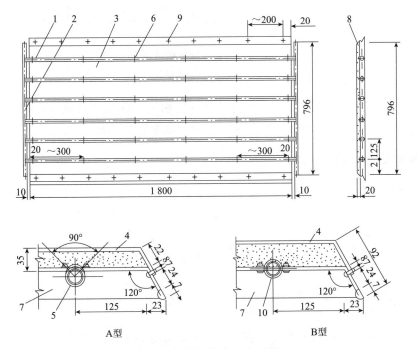

图 2-14　块状辐射板构造示意(单位：mm)

1—加热管；2—连接管；3—辐射板表面；4—辐射板背面；5—垫板；6—等长双头螺栓；7—侧板；
8—隔热材料；9—铆钉；10—内外管卡

钢制辐射板的特点是采用薄钢板、小管径和小管距。薄钢板的厚度一般为 0.5～1.0 mm，加热管通常为水煤气管，管径为 DN15、DN20、DN25；保温材料为蛭石、珍珠岩、岩棉等。

根据钢管与钢板连接方式不同，单块钢制辐射板分为 A 型和 B 型两类。

(1)A 型加热管外壁周长的 1/4 嵌入钢板槽内，并以 U 形螺栓固定。

(2)B 型加热管外壁周长的 1/2 嵌入钢板槽内，并以管卡固定。

辐射板的背面处理，有另加背板内填散状保温材料、只带块状或毡状保温材料和背面不保温等方式。

辐射板背面加保温层是为了减少背面的散热损失，让热量集中在板前辐射出去，这种辐射板称为单面辐射板。它向背面方向的散热量，约占辐射板总散热量的 10%。

背面不保温的辐射板，称为双面辐射板。双面辐射板可以垂直安装在多跨车间的两跨之间，使其双向散热，其散热量比同样的单面辐射板增加 30% 左右。

钢制块状辐射板构造简单，加工方便，便于就地生产，在同样的放热情况下，它的耗金属量可比铸铁散热器采暖系统节省 50% 左右。

带状辐射板是单块辐射板按长度方向串联而成的。带状辐射板通常沿房屋的长度方向布置，长达数十米，水平吊挂在屋顶下或屋架下弦下部(图 2-15)。

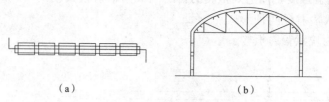

图 2-15　带状辐射板示意

(a)组成；(b)布置

带状辐射板适用于大空间建筑。与块状辐射板相比，带状辐射板排管较长，加工安装不便，而且排管的热膨胀、排空气及排凝结水等问题也较难解决。

(二)钢制辐射板的散热量

钢制辐射板的散热量包括辐射散热和对流散热两部分。

$$Q = Q_f + Q_d \tag{2-7}$$

$$Q_f = \varepsilon C_0 \varphi F \left[\left(\frac{T_1}{100} \right)^4 - \left(\frac{T_2}{100} \right)^4 \right] \tag{2-8}$$

$$Q_d = \alpha F (t_1 - t_2) \tag{2-9}$$

式中　Q_f——辐射板的辐射散热量，W；

　　　Q_d——辐射板的对流散热量，W；

　　　ε——辐射板表面材料的黑度，它与油漆的光泽等有关，无光漆其值取 0.91~0.92；

　　　C_0——绝对黑体的辐射系数，$C_0 = 5.67$ W/($m^2 \cdot K^4$)；

　　　φ——辐射角系数，封闭房间 $\varphi \approx 1.0$；

　　　F——辐射板的表面积，m^2；

　　　T_1——辐射板的表面平均温度，K；

　　　T_2——房间围护结构的内表面平均温度，K；

　　　α——辐射板的对流换热系数，W/($m^2 \cdot ℃$)；

　　　t_1——辐射板的平均温度，℃；

　　　t_2——辐射板前的空气温度，℃。

实际上，辐射板的散热量受辐射板的制造情况(如板厚、加热管的间距、加热管与钢制辐射板的接触情况、板面涂料、板背面保温程度等)和辐射板的使用条件(如使用热媒温度、辐射板附近空气流速、辐射板的安装高度和角度等)等的综合影响。因而，理论计算困难，也难以做到准确。通常通过实验方法，给出不同构造的辐射板在不同条件下的散热量，供工程设计选用。

(三)钢制辐射板的设计与安装

1. 钢制辐射板的设计

在设置钢制辐射板的中温辐射采暖系统中，辐射板主要以辐射散热方式将热量传给房间，同时也伴随有对流散热。实验表明：在适当的辐射强度影响下，即使室内空气温度比采用散热器对流采暖系统的室温低 2~3 ℃，人们在房间内仍感到舒适，而无冷感；同时，在高大工业厂房内采用辐射采暖时，车间的温度梯度比采用对流采暖系统的车间小，这在一定程度上降低了车间的采暖设计热负荷。

基于上述分析，在工程设计中，当采用辐射采暖系统向整个建筑物或房间全面供暖时，建筑物或房间的采暖设计耗热量可近似地按照下式计算：

$$Q'_f = \varphi Q' \tag{2-10}$$

式中　Q'——按本书项目一中对流采暖系统耗热量计算方法得出的设计耗热量，W；

　　　Q'_f——全面辐射采暖的设计耗热量，W；

　　　φ——修正系数，$\varphi = 0.8 \sim 0.9$。

确定全面辐射采暖设计耗热量后，即可确定所需的块状或带状辐射板的块数 n：

$$n = \frac{Q'_f}{q} \tag{2-11}$$

式中　q——单块辐射板的散热量，W；

　　　Q'_f——全面辐射采暖的设计耗热量。

在 T_2 一定时，辐射板的辐射散热量与板的表面平均温度 T_1 的四次方呈单调递增函数关系，即 T_1 越高，辐射散热量越多。因此，应尽可能提高辐射板采暖系统的热媒温度。一般宜以蒸汽作为热媒，蒸汽表压力宜高于或等于 400 kPa，不应低于 200 kPa。以热水作为热媒时，热水平均温度不宜低于 110 ℃。

钢制辐射板作为大型车间内局部区域供暖的散热设备时，应考虑温度较低的非局部区域的影响，可按整个房间全面辐射采暖时计算得到的耗热量，乘以该局部区域与所在房间面积的比值并乘以表 2-2 所规定的附加系数，确定局部区域辐射采暖的耗热量。

表 2-2　局部区域辐射采暖耗热量的附加系数

采暖区面积与房间总面积比	0.50	0.40	0.25
附加系数	1.30	1.35	1.50

2. 钢制辐射板的安装

钢制辐射板可按下列三种形式(图 2-16)进行安装。

(1)水平安装。热量向下辐射。

(2)倾斜安装。倾斜安装在墙上或柱间，热量倾斜向下方辐射。采用此方法安装时应注意选择合适的倾斜角度，一般应使板中心的法线通过工作区。

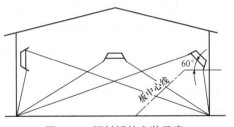

图 2-16　辐射板的安装示意

(3)垂直安装。单面板可以垂直安装在墙上；双面板可以垂直安装在两个柱子之间，向两面散热。

辐射板的安装高度变化范围较大，通常不宜安装得过高，尤其是沿外墙水平安装时。如装置过高，则有相当一部分辐射热被外墙吸收，从而增加了车间的耗热。在多尘车间里，辐射板散出的辐射热有一部分会被尘粒吸收和反射，变为对流热，因而使辐射供暖的效果降低。但辐射板安装的高度过低，会使人有烧烤的不舒适感。因此，钢制辐射板的最低安装高度，应根据热媒平均温度和安装角度来确定，见附表 2-6。

此外，在布置全面采暖的辐射板时，应尽量使生活地带或作业地带的辐射照度均匀，并应适当增加外墙和大门处的辐射板数量。

任务三　热水采暖系统的附属设备

一、膨胀水箱

在热水采暖系统里，热媒被加热后，体积膨胀，为容纳这部分膨胀水量，原则上系统都要设计膨胀水箱；当系统温度降低，热媒体积收缩或系统水量漏失时，又需要膨胀水箱将水补给系统。在机械循环系统中，膨胀水箱还起着重要的定压作用。其设置在系统最高点，并且其膨胀管连接在水泵吸入口附近的回水干管上。膨胀水箱一般用钢板制成，通常设计成圆形或矩形。图 2-17 所示为圆形膨胀水箱结构图，箱上连有膨胀管 4、溢流管 1、信号管 5、排水管 2 及循环管 3 等管路。

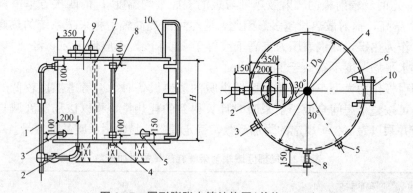

图 2-17　圆形膨胀水箱结构图（单位：mm）
1—溢流管；2—排水管；3—循环管；4—膨胀管；5—信号管；6—箱体；7—内人梯；8—玻璃管水位计；
9—人孔；10—外人梯

(1)膨胀管。膨胀水箱设在系统的最高处，系统的膨胀水通过膨胀管进入膨胀水箱。自然循环系统膨胀管在供水总立管的上部；机械循环系统膨胀管接在回水干管循环水泵入口前。膨胀管上下允许设置阀门，以免偶然关断系统内压力增高而发生事故。

(2)循环管。当膨胀水箱设在不供暖的房间内时，为了防止水箱内的水冻结，膨胀水箱需要设置循环管。机械循环系统循环管接至定压点前的水平回水干管上，如图 2-18 所示。连接点与定压点之间应保持 1.5～3.0 m 的距离，这样可以让少量热水能缓慢地通过循环管和膨胀管流过水箱，以防水箱里的水冻结；同时，膨胀水箱应考虑保温。在重力循环系统中，循环管也可接到供水干管上，应与膨胀管保持一定的距离。

(3)溢流管。溢流管的作用是控制系统的最高水位，当膨胀水位超过溢流管管口时，水溢出，就近排入排水设施中。溢流管上不允许设置阀门，以免偶然关断，水从人孔处溢出。溢流管也可用来排空气。

(4)信号管(检查管)。信号管的作用是检查膨胀水箱水

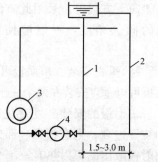

图 2-18　膨胀水箱与机械循环
系统的连接方式
1—膨胀管；2—循环管；
3—热水锅炉；4—循环水泵

位，决定系统是否需要补水。信号管控制系统的最低水位，应接到锅炉房内或人们容易观察的地方，信号管末端应设置阀门。

（5）排水管。排水管在清洗、检修时放空水箱用，可与溢流管一起就近接入排水设施中，其上应安装阀门。

膨胀水箱的有效容积（即检查管至溢流管之间的容积）的计算公式为

$$V = a\Delta t_{max} V_c Q \tag{2-12}$$

式中　V——膨胀水箱的有效容积，L；

　　　a——水的体积膨胀系数，$℃^{-1}$，一般取 $a = 0.000\,6\,℃^{-1}$；

　　　Δt_{max}——系统内水温的最大波动值，对于低温热水采暖系统，系统给水水温最小值取 $t_{min} = 20\,℃$，系统水温最大值取 $t_{max} = 95\,℃$，因此 $\Delta t_{max} = 75\,℃$；

　　　V_c——每供给 1 kW 热量所需设备的水容量，L/kW，见表 2-3；

　　　Q——采暖系统的设计热负荷，kW。

式（2-12）又可写成

$$V = 0.045 V_c Q \tag{2-13}$$

表 2-3　采暖系统各种设备供给 1 kW 热量的水容量　　　　　　　　L/kW

采暖系统设备和附件		V_c	采暖系统设备和附件		V_c
锅炉设备	KZG1-8	4.7	散热器	四柱 813 型	7.5
	SHZ2-13A	4.0		二柱 M-132 型	10.7
	KZL4-13	3.0		四柱 760 型	7.8
	KZG1.5-8	4.1		柱翼 750 型	8.8
	KZFH2-8-1	4.0		柱翼 650 型	6.2
	KZ24-13	3.0		管翼 750 型	7.1
	SZP6.5-13	2.0	管道系统	室内机械循环管路	7.8
散热器	长翼型（大 60）	16.6		室内自然循环管路	15.6
	长翼型（小 60）	17.2		室外机械循环管路	5.9
注：1. 本表部分摘自《实用供热空调设计手册》。 　　2. 该表按低温热水采暖系统估算。 　　3. 室外管网与锅炉的水容量最好按实际设计情况确定					

二、排气装置

自然循环热水采暖系统主要利用开式膨胀水箱排气，机械循环热水采暖系统还需要在局部最高点设置排气装置。常用的排气装置有手动集气罐、自动排气阀、冷风阀等。

1. 手动集气罐

手动集气罐可用直径 $\phi100\sim250$ mm 的钢管而成，如图 2-19 所示。根据安装形式分为立式和卧式两种，一般应设在系统的末端最高处。

集气罐安装在干管的最高点，水中的气泡随水流一同进入罐内。在系统运行时，流入罐内的热水流速降低，水中的气泡便可浮出水面，集聚在上部空间，定期打开阀门放气。采用集气罐排气应注意及时定期排出空气；否则，当罐体内空气过多时会被水流带走。

集气罐动画

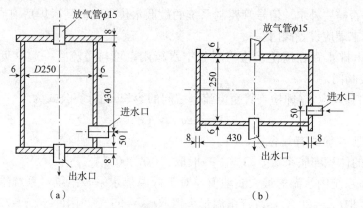

（a）

（b）

图 2-19　集气罐(单位：mm)

（a)立式；（b)卧式

自动排气阀的
工作原理动画

2. 自动排气阀

自动排气阀安装方便，体积小巧，且避免了人工操作管理的麻烦，在热水采暖系统中被广泛采用。它的工作原理是依靠水对浮子的浮力，通过杠杆机构传动，使排气孔自动启闭，实现自动阻水排气的功能。下面仅介绍一种形式：图 2-20 所示为 $B_{11}X$-4 型立式自动排气阀。当阀体 7 内无空气时，水将浮子 6 浮起，通过杠杆机构 1 将排气孔 9 关闭；而当空气从管道进入聚集在阀体内时，空气将水面压下，浮子的浮力减小，依靠自重下落，排气孔打开，使空气自动排出。空气排出后，水再将浮子浮起，排气孔重新关闭。

3. 冷风阀

冷风阀适用于工作压力<600 kPa、工作温度<130 ℃的热水及蒸汽采暖散热器或管道上。

冷风阀多用在水平式或下供下回式系统中，它旋紧在散热器上部专设的螺纹孔上，以手动方式排除空气，如图 2-21 所示。

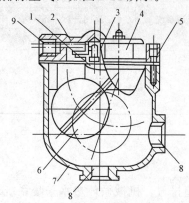

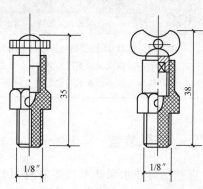

图 2-20　$B_{11}X$-4 型立式自动排气阀

图 2-21　冷风阀(单位：mm)

1—杠杆机构；2—垫片；3—阀堵；4—阀盖；5—垫片；

6—浮子；7—阀体；8—接管；9—排气孔

三、其他附属设备

其他附属设备的
选择与布置

1. 散热器温控阀

散热器温控阀是一种自动控制散热器散热量的设备，它由两部分组成，一部分为阀体部分，另一部分为感温元件控制部分，如图 2-22 所示。当室内温度高于给定的温度之时，感温元件受热，其顶杆就压缩阀杆，将阀门关小；进入散热器的水流量较小，室温下降。当室内温度下降到低于设定值时，感温元件开始收缩，其阀杆靠弹簧的作用，将阀杆抬起，阀孔开大，水流量增大，散热器散热量增加，室内温度开始升高，从而保证室温处在设定的温度值上。温控阀控温范围在 13～28 ℃，控温误差为±1 ℃。散热器温控阀具有恒定室温、节约热能的优点。

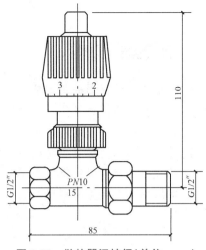

图 2-22　散热器温控阀(单位：mm)

2. 锁闭阀

锁闭阀是随着既有建筑采暖系统分户改造工程与分户采暖工程的实施而出现的，前者常采用三通型，后者常采用两通型。其具有关闭功能，是必要时采取强制措施的手段。阀芯可采用闸阀、球阀、旋塞阀的阀芯。有单开型锁与互开型锁。有的锁闭阀不仅可关断，还具有调节功能。此类型的阀门可在系统试运行调节后将阀门锁闭。这既有利于系统的水力平衡，又可避免用户"随意"调节而造成失调现象的发生。

3. 热量表

进行热量测量与计算，并作为计费结算的计量仪器称为热量表(也称热表)。根据热量计算方程，一套完整的热量表应由以下三部分组成：

(1)热水流量计，用以测量流经换热系统的热水流量。

(2)一对温度传感器，分别测量供水温度和回水温度，并进而得到供回水温差。

(3)积算仪(也称积分仪)，根据与其相连的流量计和温度传感器提供的流量及温度数据，通过热量计算方程可计算出用户从热交换系统中获得的热量。

4. 除污器

除污器是热水供暖系统中最为常用的附属设备之一，可用来截留、过滤管路中的杂质和污垢，保证系统内水质洁净，减少阻力，防止堵塞。除污器一般安装在循环水泵吸入口的回水干管上，用于集中除污，也可分别设置于各个建筑物入口处的供回水干管上，用于分散除污。当建筑物入口供水干管上安装有节流孔板时，除污器应安装在节流孔板前的供水干管上，防止污物阻塞孔板。另外，在一些小孔口的阀前(如自动排气阀)也宜设置除污器或过滤器。

除污器的工作原理动画

5. 调压板

当外网压力超过用户的允许压力时，可设置调压板来减少建筑物入口供水干管上的压力。蒸汽采暖系统的调压板材质只能采用不锈钢，而热水采暖系统则可以采用铝合金和不锈钢。调压板用于压力低于 100 kPa 的系统中。选择调压板时，孔口直径不应小于 3 mm，且调压板前应设置除污器或过滤器。调压板的厚度一般为 2～3 mm，安装在两个法兰之间。

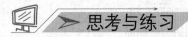

思考与练习

1. 对于选择散热器的基本要求主要按哪几点进行考虑?
2. 工程常用的铸铁散热器有哪两种?
3. 目前我国生产的钢制散热器主要有哪几种形式?
4. 散热器的选用应符合哪些规定?
5. 什么是辐射采暖? 辐射采暖具有哪些特点?
6. 常用的排气装置有哪些?

项目三 室内热水采暖系统

知识目标

1. 了解重力循环热水采暖系统的工作原理及其作用压力；熟悉重力循环热水采暖系统的主要形式；掌握重力循环热水采暖双管系统和单管系统作用压力的计算。

2. 掌握机械循环热水采暖系统的形式与特点、热水采暖系统管路水力计算。

3. 掌握户内水平采暖系统、单元立管采暖系统、水平干管采暖系统、分户热水采暖系统的入户装置的形式与特点。

4. 掌握分区式高层建筑热水采暖系统、双线式热水采暖系统以及单双管混合式系统的形式与特点。

能力目标

通过本项目的学习，能够熟练掌握室内热水采暖系统各种形式的优点、缺点，并能合理地选择系统形式。

素质目标

1. 具有良好的团队合作、沟通交流和语言表达能力。

2. 聆听指令，倾听他人讲话，倾听不同的观点。

任务一 传统室内热水采暖系统

传统室内热水采暖系统是相对于新出现的分户采暖系统而言的，就是我们经常说的"大采暖"系统。它通常采用上供下回的垂直单管、双管顺流式系统，以整幢建筑作为对象来设计供暖系统。它的优点是构造简单；缺点是整幢建筑的供暖系统往往是统一的整体，缺乏独立调节能力。

自然循环热水供暖系统工作原理及系统形式

一、重力(自然)循环热水采暖系统

1. 自然循环热水采暖系统的工作原理及其作用压力

图 3-1 所示为自然循环热水采暖系统的工作原理图。假设整个系统只有一个放热中心(散热器)1 和一个加热中心(热水锅炉)2，用供水管 3 和回水管 4 将热水锅炉与散热器连接起来。在系统的最高处连接一个膨胀水箱 5，用来容纳受热后膨胀而体积增加的水。

在系统运行之前，先将系统内充满冷水。锅炉中的水被加热后，密度减小，同时受到从散

热器流回来的密度较大的水的驱动，热水沿供水管上升，流入散热器。在散热器内水被冷却，再沿回水管流回锅炉。

在水的循环流动过程中，供水和回水由于温度差的存在，产生了密度差，系统就是以供回水的密度差作为循环动力的。这种系统称为自然循环热水采暖系统。分析该系统循环作用压力时，忽略水在管路中流动时管壁散热产生的水冷却，认为水温只是在锅炉和散热器处发生变化。

假设图 3-1 的循环环路最低点的断面 $A—A$ 处有一阀门。若阀门突然关闭，$A—A$ 断面两侧受到不同的水柱压力，两侧的水柱压力差就是推动水在系统内进行循环流动的自然循环作用压力。

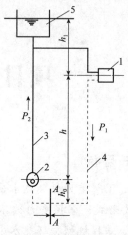

**图 3-1　自然循环热水采暖系统
工作原理图**

1—散热器；2—热水锅炉；3—供水管；
4—回水管；5—膨胀水箱

设 P_1 和 P_2 分别表示 $A—A$ 断面右侧和左侧的水柱压力，则 $A—A$ 断面两侧的水柱压力分别为

$$P_1 = g(h_0\rho_h + h\rho_h + h_1\rho_g)$$
$$P_2 = g(h_0\rho_h + h\rho_g + h_1\rho_g)$$

断面 $A—A$ 两侧的压力差，即系统的循环作用压力为

$$\Delta P = P_1 - P_2 = gh(\rho_h - \rho_g) \tag{3-1}$$

式中　P——自然循环系统的作用压力，Pa；

　　　g——重力加速度，m/s²，取 9.81 m/s²；

　　　h——冷却中心至加热中心的垂直距离，m；

　　　h_0——回水管路最低点至加热中心的垂直距离，m；

　　　h_1——膨胀水箱液面至冷却中心的垂直距离，m；

　　　ρ_h——回水密度，kg/m³；

　　　ρ_g——供水密度 kg/m³。

自然循环热水采暖
系统工作原理动画

特别提醒

> 由式(3-1)可见，自然循环作用压力的大小与供水、回水的密度差和锅炉中心与散热器中心的垂直距离有关。对于低温热水采暖系统，当供回水温度一定时，为了提高系统的循环作用压力，锅炉的位置应尽可能降低，但自然循环热水采暖系统的作用压力一般都不大，作用半径以不超过 50 m 为好。

2. 重力循环热水采暖系统的主要形式

重力循　热水采暖系统主要有单管和双管两种形式。图 3-2(a)所示为双管上供下回式系统，图 3-2(b)所示为单管顺流式系统。

上供下回式重力循环热水采暖系统管道布置的一个主要特点：系统的供水干管必须有向膨胀水箱方向上升的流向。其反向的坡度为 0.5%～1.0%；散热器支管的坡度一般取 1%。这是为了使系统内的空气能顺利地排除，因系统中若积存空气，就会形成气塞，影响水的正常循环。在重力循环热水采暖系统中，水的流速较低，水平干管中流速小于 0.2 m/s，而在干管中空气气泡的浮升速度为 0.1～0.2 m/s，而在立管中约为 0.25 m/s。因此，在上供下回式重力循环热水采暖系统充水和运行时，空气能逆着水流方向，经过供水干管聚集到系统的最高处，通过膨胀水箱排出。

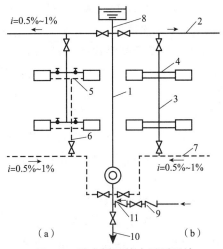

自然循环热水
供暖系统动画

图 3-2　重力循环热水采暖系统

（a）双管上供下回式系统；（b）单管顺流式系统

1—总立管；2—供水干管；3—供水立管；4—散热器供水支管；5—散热器回水支管；6—回水立管；
7—回水干管；8—膨胀水箱连接管；9—充水管(接上水管)；10—泄水管(接下水道)；11—止回阀

为使系统顺利排除空气和在系统停止运行或检修时能通过回水干管顺利地排水，回水干管应有向锅炉方向的向下坡度。

特 别 提 醒

　　单管系统与双管系统相比，除作用压力计算不同外，各层散热器的平均进出水温度也是不同的。在双管系统中，各层散热器的平均进出水温度是相同的；而在单管系统中，各层散热器的进出口水温是不同的。越是下层，进水温度越低，因而各层散热器的传热系数 K 值也不相等。因此，单管系统立管的散热器总面积一般比双管系统的稍大些。

3. 重力循环热水采暖双管系统作用压力的计算

在图 3-3 所示的双管上供下回式系统中，各层散热器都并联在供、回水立管上，热水直接经供水干管、立管进入各层散热器，冷却后的回水，经回水立管、干管直接流回锅炉，如果不考虑水在管道中的冷却，则进入各层散热器的水温相同。

图 3-3 中散热器 S_1 和 S_2 并联，热水在 a 点分别进入各层散热器，在散热器内放热冷却后，在 b 点汇合后返回热源。该系统形成了两个冷却中心 S_1 和 S_2，同时与热源、供(回)水干管形成了两个并联环路 aS_1b 和 aS_2b。

热水通过底层散热器的环路 aS_1b 的作用压力为

$$\Delta P_1 = gh_1(\rho_h - \rho_g) \qquad (3\text{-}2)$$

热水通过上层散热器 aS_2b 环路的作用压力为

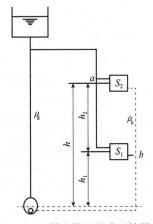

图 3-3　双管上供下回式系统原理

$$\Delta P_2 = g(h_1 + h_2)(\rho_{\text{h}} - \rho_{\text{g}}) = \Delta P_1 + gh_2(\rho_{\text{h}} - \rho_{\text{g}}) \tag{3-3}$$

由式(3-3)可见，通过上层散热器环路的作用压力比通过下层散热器的大，其差值为 $gh_2(\rho_{\text{h}} - \rho_{\text{g}})$。因而在计算上层环路时，必须考虑这个差值。

在双管系统中，由于各层散热器与锅炉的高差不同，虽然进入和流出各层散热器的供、回水温度相同（不考虑管路沿途冷却的影响），也会形成上层作用压力大、下层作用压力小的现象。如选用不同管径仍不能使各层阻力损失达到平衡，由于流量分配不均，必然要出现上热下冷的现象。

自然循环双管上供下回式系统动画

在采暖建筑物内，同一竖向的各层房间的室温不符合设计要求的温度，而出现上下层冷热不匀的现象，通常称为系统垂直失调。由此可见，双管系统的垂直失调，是通过各层的循环作用压力不同导致的，而且楼层数越多，上下层的作用压力差值越大，垂直失调情况就会越严重。

4. 重力循环热水采暖单管系统的作用力的计算

如前所述，单管系统的特点是热水顺次流过多组散热器，并逐个冷却，冷却后回水返回热源。在图 3-4 所示的上供下回单管式系统中，散热器 S_1 和 S_2 串联。由图 3-4 分析可见，引起重力循环作用压力的高差是 $(h_1 + h_2)$，冷却后水的密度分别为 ρ_2 和 ρ_1，其循环作用压力值为

$$\Delta P = gh_1(\rho_{\text{h}} - \rho_{\text{g}}) + gh_2(\rho_2 - \rho_{\text{g}}) \tag{3-4}$$

同理，当立管上串联多组散热器时，其循环作用压力的通式可以写成

$$\Delta P = \sum gh_i(\rho_i - \rho_{\text{g}}) \tag{3-5}$$

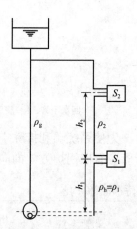
图 3-4　单管系统原理图

式中　h_i——相邻两组散热器间的垂直距离，m，当 $i=1$，即计算的是沿水流方向最后一组散热器时，h_1 表示最后一组散热器与锅炉之间的垂直距离；

ρ_i——水流出所计算散热器的密度，kg/m^3；

ρ_{g}、ρ_{h}——供暖系统的供水、回水密度，kg/m^3。

5. 重力循环热水采暖单管系统各层水温的计算

从上面作用压力的计算公式可见，重力循环热水采暖单管系统的作用压力与水温变化、加热中心与冷却中心的高度差以及冷却中心的个数等因素有关。每一根立管只有一个重力循环作用压力，而且即使最底层的散热器低于锅炉中心（h_1 为负值）也可能使水循环流动。

为了计算单管系统重力循环作用压力，需要求出各个冷却中心之间各个管路中心水的密度 ρ_i。为此，首先要确定各散热器之间管路的水温 t_i，如图 3-5 所示，其中

$$t_1 = t_{\text{g}} - \frac{Q_3(t_{\text{g}} - t_{\text{h}})}{Q_1 + Q_2 + Q_3} \tag{3-6}$$

$$t_2 = t_{\text{g}} - \frac{(Q_2 + Q_3)(t_{\text{g}} - t_{\text{h}})}{Q_1 + Q_2 + Q_3} \tag{3-7}$$

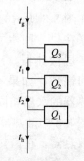
图 3-5　重力循环热水采暖单管系统

写成通式，为

$$t_i = t_g - \frac{\sum\limits_{i}^{n} Q_i}{\sum Q}(t_g - t_h)$$

(3-8)

式中　t_i——计算管段的水温，℃；

$\sum\limits_{i}^{n} Q_i$——沿水流方向计算管段前各层散热器的热负荷之和，W；

$\sum Q$——立管上所有散热器热负荷之和，W；

t_g——系统的供水温度，℃；

t_h——系统的回水温度，℃。

计算出各管段水温后，就可以确定散热器内水的密度，再利用式(3-5)计算自然循环单管系统的作用压力。

二、机械循环热水采暖系统

依靠循环水泵提供水循环的动力克服流动阻力使热水流动循环的系统称为机械循环热水采暖系统。

1. 机械循环双管上供下回式热水采暖系统

机械循环双管上供下回式热水采暖系统如图 3-6 所示，增加了膨胀水箱、循环水泵、排气装置。热水的循环主要依靠循环水泵的作用压力，同时也存在着自然作用压力，上层作用压力大，流经散热器的流量多，下层作用压力小，流经散热器的流量少，因而造成上热下冷的"垂直失调"现象，楼层越多，失调现象越严重。因此，机械循环双管上供下回式热水采暖系统不宜在四层以上的建筑物中采用。

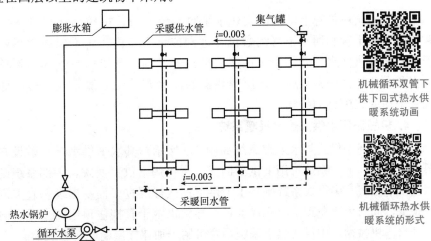

机械循环双管下供下回式热水供暖系统动画

机械循环热水供暖系统的形式

图 3-6　机械循环双管上供下回式热水采暖系统

2. 机械循环单管上供下回式热水采暖系统

机械循环单管上供下回式热水采暖系统，其散热器的供水、回水立管共用一根管，立管上的散热器串联起来构成一个循环环路，因此又称单管顺流式系统，如图3-7立管Ⅲ所示。从上到下各楼层散热器的进水温度不同，温度依次降低，每组散热器的热媒流量不能单独调节。为了克服单管式不能单独调节热媒流量且下层散热器热媒入口温度过低的弊端，又产生了单管跨越式系统，如图3-7立管Ⅳ、Ⅴ所示。该系统中，热水在散热器前分成两部分，一部分流入散热器，另一部分流入跨越管内。

单管系统中，由于各层的散热器串联在一个循环管路上，热水在从上而下逐渐冷却的过程中所产生的压力可以叠加在一起形成一个总压力，因此，单管系统不存在双管系统的垂直失调问题。即使最底层散热器低于锅炉中心，也可以使水循环流动。由于下层散热器入口的热媒温度低，下层散热器的面积比上层要大。在多层和高层建筑中，宜采用单管系统。

3. 机械循环双管下供下回式热水采暖系统

机械循环双管下供下回式热水采暖系统，如图3-8所示。该系统一般适用于顶层难以布置干管的场合，以及有地下室的建筑。当无地下室时，供水、回水干管一般敷设在底层地沟内。

机械循环上供下回式热水供暖系统动画

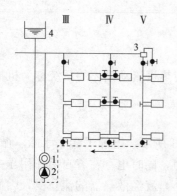

图3-7　机械循环单管上供下回式热水采暖系统
1—锅炉；2—水泵；3—集气罐；4—膨胀水箱

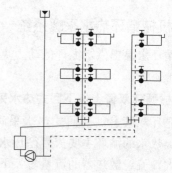

图3-8　机械循环双管下供下回式热水采暖系统

与机械循环单管上供下回式热水采暖系统比较，机械循环双管下供下回式热水采暖系统的供水干管和回水干管均敷设在地沟或地下室内，管道保温效果好，热损失少。由于该系统的供回水干管都敷设在底层散热器下面，系统内空气的排除较为困难。排气方法主要有两种：一种是通过顶层散热器的冷风阀手动分散排气；另一种是通过专设的空气管手动或集中自动排气。

4. 机械循环中供式热水采暖系统

机械循环中供式热水采暖系统如图3-9所示。其水平供水干管敷设在系统的中部，上部系统可用上供下回式，也可用下供下回式，下部系统则用上供下回式。中供式系统减轻了上供下回式楼层过多而易出现垂直失调的现象，同时可避免顶层梁底高度过低导致供水干管挡住顶层窗户而妨碍其开启。机械循环中供式热水采暖系统可用于加建楼层的原有建筑物。

机械循环中供式热水供暖系统动

5. 机械循环下供上回式热水采暖系统

机械循环下供上回式热水采暖系统如图 3-10 所示。该系统的供水干管敷设在所有散热器的下面，回水干管敷设在所有散热器上面，膨胀水箱 3 连接在回水干管上。回水经膨胀水箱流回锅炉房，再被循环水泵 2 送入热水锅炉 1。这种系统具有如下特点：

机械循环下供上回式(倒流式)热水供暖系统动画

（1）水在系统内的流动方向是自下而上的，与空气流动方向一致，可通过膨胀水箱排除空气，无须设置集中排气罐等排气装置。

（2）对热损失大的底层房间，由于底层供水温度高，底层散热器的面积减小，便于布置。

（3）当采用高温水采暖系统时，由于供水干管设在底层，这样可降低防止高温水汽化所需的水箱标高，减少布置高架水箱的困难。

（4）供水干管在下部，回水干管在上部，无效热损失小。这种系统的缺点是散热器的放热系数比上供下回式低，散热器的平均温度几乎等于散热器的出口温度，这样就增加了散热器的面积。但用于高温热水采暖时，这一特点却有利于满足散热器表面温度不致过高的要求。

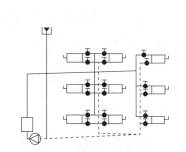

图 3-9　机械循环中供式热水采暖系统

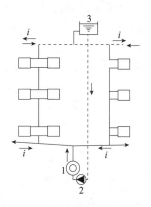

图 3-10　机械循环下供上回式热水采暖系统

1—热水锅炉；2—水泵；3—膨胀水箱

6. 机械循环上供中回式热水采暖系统

机械循环上供中回式热水采暖系统可以将回水干管设置在一层顶板下或楼层夹层中，省去地沟，如图 3-11 所示。安装时，在立管下端设泄水堵丝，以方便泄水及排放管道中的杂物。回水干管末端需要设置自动排气阀或其他排气装置。该系统适合不宜设置地沟的多层建筑。

7. 水平串联式热水采暖系统

图 3-12 所示为水平串联式热水采暖系统。该系统可分为顺流式系统［图 3-12（a）］和跨越式系统［图 3-12（b）］两种。该系统简单，省管材，造价低，穿越楼板的管道少，施工方便，但排气困难，无法调节个别散热器放热量，必须在每组散热器上装放风门，一般适用于住宅、大厅等建筑。

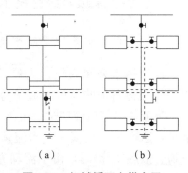

（a）　　　　　（b）

图 3-11　机械循环上供中回式热水采暖系统

（a）单管；（b）双管

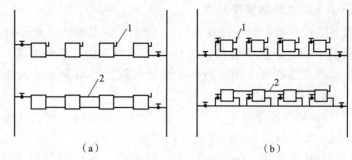

水平式热水供暖
系统动画

（a）　　　　　　　　（b）

图 3-12　水平串联式系统

(a)顺流式系统；(b)跨越式系统

1—放气阀；2—空气管

同程式系统动画

8. 同程式与异程式热水采暖系统

热水在环路所走的路程相等的系统称为同程式系统，否则为异程式系统。如图 3-13 所示，同程式热水采暖系统的供热效果较好，但工程的初投资较大。如图 3-14 所示，异程式热水采暖系统造价低，投资少，但易出现近热远冷水平失调现象。

异程式系统动画

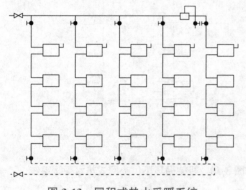

图 3-13　同程式热水采暖系统

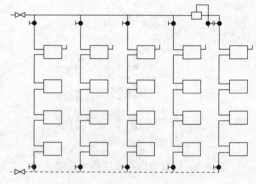

图 3-14　异程式热水采暖系统

三、热水采暖系统管路水力计算

（一）热水采暖系统管路水力计算的基本公式

设计热水采暖系统，为使系统中各管段的水流量符合设计要求，以保证流进各散热器的水流量符合需要，就要进行管路的水力计算。

当流体沿管道流动时，流体分子间及其与管壁间存在摩擦，会损失能量，这称为沿程损失；当流体流过管道的一些附件（如阀门、弯头、三通、散热器等）时，由于流动方向或速度的改变，产生局部漩涡和撞击，也会损失能量，这称为局部损失。管段的压力损失，可用下式计算：

知识拓展：机械循环
系统与自然循环
系统的区别

$$\Delta P = \Delta P_y + \Delta P_j = Rl + \Delta P_j \qquad (3-9)$$

式中　ΔP——计算管段的压力损失，Pa；

ΔP_y——计算管段的沿程损失，Pa；

ΔP_j——计算管段的局部损失，Pa；

R——每米管长的沿程损失，Pa/m；

l——管段长度，m。

1. 沿程损失的计算

每米管长的沿程损失(比摩阻)R可用流体力学的达西公式进行计算：

$$R = \frac{\lambda}{d} \cdot \frac{\rho v^2}{2} \tag{3-10}$$

式中 λ——管段的摩擦阻力系数；

d——管子内径，m；

v——热媒在管道内的流速，m/s；

ρ——热媒的密度，kg/m³。

热媒在管道内流动的摩擦阻力系数λ取决于管内热媒的流动状态和管壁的粗糙程度，即

$$\lambda = f(R_e, \varepsilon) \tag{3-11}$$

$$R_e = \frac{vd}{\gamma}, \quad \varepsilon = K/d$$

式中 R_e——雷诺数，判断流体流动状态的特征数(当$R_e \leqslant 2\,320$时，流动为层流流动；当$R_e > 2\,320$时，流动为湍流流动)；

v——热媒在管道内的流速，m/s；

d——管子内径，m；

γ——热媒的运动黏滞系数，m²/s；

K——管壁的当量绝对粗糙度，m；

ε——管壁的相对粗糙度。

摩擦阻力系数λ值是用实验方法确定的，按照流体的不同流动状态，在热水采暖系统中推荐使用的一些摩擦阻力系数的计算公式如下。

(1)层流流动。当$R_e \leqslant 2\,320$时，流动呈层流状态。在此区域内，摩擦阻力系数λ值仅取决于雷诺数R_e，可按下式计算：

$$\lambda = \frac{64}{R_e} \tag{3-12}$$

在热水采暖系统中很少遇到层流状态，仅在重力循环热水采暖系统的个别水流量很小、管径很小的管段内，才会遇到层流的流动状态。

(2)紊流(湍流)流动。当$R_e > 2\,320$时，流动呈湍流状态。整个湍流区还可以分为以下三个区域：

①水力光滑管区。摩擦阻力系数λ值用布拉修斯公式计算。即

$$\lambda = \frac{0.316\,4}{R_e^{0.25}} \tag{3-13}$$

当雷诺数R_e在$4\,000 \sim 100\,000$范围内时，布拉修斯公式能给出相当准确的数值。

②过渡区。流动状态从水力光滑管区过渡到粗糙区(阻力平方区)的一个区域称为过渡区。过渡区的摩擦阻力系数λ值，可用洛巴耶夫公式计算，即

$$\lambda = \frac{1.42}{\left(\lg R_e \cdot \dfrac{d}{K}\right)^2} \tag{3-14}$$

过渡区的范围，可用下式确定：

$$R_{e_1}=11\frac{d}{K}或v_1=11\frac{\gamma}{K}\qquad(3\text{-}15)$$

$$R_{e_2}=445\frac{d}{K}或v_2=445\frac{\gamma}{K}\qquad(3\text{-}16)$$

式中　v_1、R_{e_1}——流动状态从水力光滑管区转到过渡区的临界速度和相应的雷诺数值；

v_2、R_{e_2}——流动状态从过渡区转到粗糙管区的临界速度和相应的雷诺数值。

式中其他符号意义同前。

③粗糙区（阻力平方区）。在此区域内，摩擦阻力系数 λ 值仅取决于管壁的相对粗糙度。

粗糙管区的摩擦阻力系数 λ 值可用尼古拉兹公式计算：

$$\lambda=\frac{1}{\left(1.14+2\lg\dfrac{d}{K}\right)^2}\qquad(3\text{-}17)$$

式中其他符号意义同前。

对于管径等于或大于 40 mm 的管子，用希弗林松推荐的更为简单的计算公式也可得出很接近的数值：

$$\lambda=0.11\left(\frac{K}{d}\right)^{0.25}\qquad(3\text{-}18)$$

式中其他符号意义同前。

此外，也可用计算整个湍流区的摩擦阻力系数 λ 值的统一公式。下面介绍两个统一公式——柯列勃洛克公式[式（3-19）]和阿里特苏里公式[式（3-20）]。

$$\frac{1}{\sqrt{\lambda}}=-2\lg\left(\frac{2.51}{R_e\sqrt{\lambda}}+\frac{K/d}{3.72}\right)\qquad(3\text{-}19)$$

$$\lambda=0.11\left(\frac{K}{d}+\frac{68}{R_e}\right)^{0.25}\qquad(3\text{-}20)$$

式中其他符号意义同前。

管壁的当量绝对粗糙度 K 值与管子的使用状况（流体对管壁腐蚀和沉积水垢等状况）和使用时间等因素有关。对于热水采暖系统，目前推荐采用下面的数值：

室内热水采暖系统管路中，$K=0.2$ mm；

室外热水网路中，$K=0.5$ mm。

根据过渡区范围的判别式[式（3-15）和式（3-16）]和推荐使用的当量绝对粗糙度 K 值，表 3-1 列出了水温 t 为 60 ℃、90 ℃时，相应 $K=0.2$ mm 和 $K=0.5$ mm 条件下的过渡区临界速度 v_1 和 v_2 值。

表 3-1　过渡区临界速度

速度 $v/(\text{m}\cdot\text{s}^{-1})$	水温 $t=60$ ℃		水温 $t=90$ ℃	
	$K=0.2$ mm	$K=0.5$ mm	$K=0.2$ mm	$K=0.5$ mm
v_1	0.026	0.010	0.018	0.007
v_2	1.066	0.426	0.725	0.290

从表 3-1 可知，当 $t=60$ ℃，$K=0.2$ mm 时，过渡区的临界速度 $v_1=0.026$ m/s，$v_2=$

1.066 m/s。在设计热水采暖系统时，管段内的流速通常都不会超过 v_2 值，也不大可能低于 v_1 值。因此，热水在室内热水采暖系统管路内的流动状态，几乎都是处于过渡区内。

室外热水网路（$K=0.5$ mm），设计都采用较高的流速（流速常大于 0.5 m/s），因此，热水在室外热水网路中的流动状态，大多处于阻力平方区内。

室内热水采暖系统的水流量 G，通常以 kg/h 表示。热媒流速与流量的关系式为

$$v=\frac{G}{3\,600\,\dfrac{\pi d^2}{4}\rho}=\frac{G}{900\pi d^2\rho} \tag{3-21}$$

式中　G——管段的水流量，kg/h。

式中其他符号意义同前。

将式(3-21)中的流速 v 代入式(3-10)，可得出更方便的计算公式：

$$R=6.25\times10^{-8}\frac{\lambda}{\rho}\cdot\frac{G^2}{d^5} \tag{3-22}$$

式中符号意义同前。

在给定某一水温和流动状态的条件下，式(3-22)的 λ 值和 ρ 值是已知值，管路水力计算基本公式式(3-22)可以表示为 $R=f(d,G)$ 的函数式。只要已知 R、G、d 中的任意两数，就可确定第三个数值。附表 3-1 给出室内热水采暖系统的管路水力计算表。利用水力计算表或线算图进行水力计算，可大大减轻计算工作量。

根据水力计算表查出的比摩阻 R 值，再根据管段的长度 l，则可求出沿程损失。

2. 局部损失的计算

管段的局部损失，可按下式计算：

$$\Delta P_j=\sum\xi\frac{\rho v^2}{2} \tag{3-23}$$

式中　$\sum\xi$——管段中总的局部阻力系数。

式中其他符号意义同前。

水流过热水采暖系统管路附件（如三通、弯头、阀门等）的局部阻力系数 ξ 值，可查附表 3-2。表中所给定的数值都是用实验方法确定的。附表 3-3 给出了热水采暖系统局部阻力系数 $\xi=1$ 时的局部阻力损失 ΔP。

(二)当量局部阻力法和当量长度法

在实际工程设计中，为了简化计算，常采用所谓"当量局部阻力法"或"当量长度法"进行管路的水力计算。

1. 当量局部阻力法

当量局部阻力法的基本原理是将管段的沿程损失转变为局部损失来计算。

该管段的沿程损失相当于某一局部损失 ΔP_j，则

$$\Delta P_j=\xi_d\frac{\rho v^2}{2}=\frac{\lambda l}{d}\cdot\frac{\rho v^2}{2} \tag{3-24}$$

式中　ξ_d——当量局部阻力系数。

如已知管段的水流量 G(kg/h)时，则根据式(3-21)流量和流速的关系式，管段的总压力损失 ΔP 可改写为

$$\Delta P = Rl + \Delta P_j = \left(\frac{\lambda}{d}l + \sum \xi\right)\frac{\rho v^2}{2} = \frac{1}{900^2 \pi^2 d^4 \cdot 2\rho}\left(\frac{\lambda}{d}l + \sum \xi\right)G^2$$

$$= A(\xi_d + \sum \xi)\,G^2 = A\,\xi_{zh}\,G^2 \tag{3-25}$$

$$A = \frac{1}{900^2 \pi^2 d^4 \cdot 2\rho} \tag{3-26}$$

式中　ξ_{zh}——管段的折算局部阻力系数。

式中其他符号意义同前。

当水温已知，水的密度 ρ 是一个定值，不同管径 d 对应的 A 值也是一个定值。附表3-4列出了一些不同管径的 A 值和 λ/d 值。式(3-25)还可改写为

$$\Delta P = A\xi_{zh}G^2 = sG^2 \tag{3-27}$$

式中　s——管段的阻力特性数（简称阻力数），$Pa/(kg/h)^2$。它的数值表示当管段通过 1 kg/h 水流量时的压力损失值。

2. 当量长度法

当量长度法的基本原理是将管段的局部损失折合为管段的沿程损失来计算。

如某一管段的总局部阻力系数为 $\sum \xi$，设它的压力损失相当于流经管段 l_d 长度的沿程损失，则

$$\sum \xi \frac{\rho v^2}{2} = R\,l_d = \frac{\lambda}{d}\,l_d\,\frac{\rho v^2}{2} \tag{3-28}$$

式中　l_d——管段中局部阻力的当量长度，m。

式中其他符号意义同前。

水力计算基本公式可表示为

$$\Delta P = Rl + \Delta P_j = R(l + l_d) = R\,l_{zh} \tag{3-29}$$

式中　l_{zh}——管段的折算长度，m。

式中其他符号意义同前。

当量长度法一般多用在室外热力网路的水力计算上。

(三)重力(自然)循环双管采暖系统管路水力计算

如前所述，重力循环双管采暖系统通过散热器环路的循环作用压力 ΔP_{zh} 的计算公式为

$$\Delta P_{zh} = \Delta P + \Delta P_f = gH(\rho_h - \rho_g) + \Delta P_f \tag{3-30}$$

式中　ΔP——重力循环系统中，水在散热器内冷却产生的作用压力，Pa；

　　　g——重力加速度，取 $g = 9.81\ m/s^2$；

　　　H——所计算的散热器中心与锅炉中心的高差，m；

　　　ρ_g、ρ_h——供水和回水密度，kg/m^3；

　　　ΔP_f——水在循环环路中冷却的附加作用压力，Pa。

📖 **知识链接**

室内热水采暖系统水力计算的主要任务

(1)已知系统各管段的流量和系统的循环作用压力，确定管段的管径。这种水力计算，一般也用于已知各管段的流量和选定的比摩阻 R 值或流速 v 值，计算环路的压力损失。

（2）已知系统各管段的流量和管径，确定系统所必需的循环作用压力。这种水力计算，常用于校核计算，根据最不利循环环路各管段改变后的流量和已知各管段的管径，利用水力计算图表，确定该循环环路各管段的压力损失及系统必需的循环作用压力，并检查循环水泵扬程是否满足要求。

（3）已知系统各管段的管径和该管段的允许压降，确定通过该管段的水流量。这种情况的水力计算，通常是对已有的热水采暖系统，在管段作用压力已知时，校核各管段通过的水流量。

（四）机械循环热水采暖系统的水力计算

机械循环同程式热水供暖系统等温降法水力计算方法

机械循环同程式热水供暖系统等温降法水力计算示例

与重力循环热水采暖系统相比，机械循环热水采暖系统的作用半径大，传统的室内热水采暖系统的总压力损失一般为 10～20 kPa；对于分户采暖等水平式或大型的系统，可达 20～50 kPa。

传统的室内采暖系统进行水力计算时，机械循环热水采暖系统多根据入口处的资用循环压力，按最不利循环环路的平均比摩阻 R_{pj} 来选用该环路各管段的管径。当入口处资用压力较高时，管道流速和系统实际总压力损失可相应提高。但在实际工程设计中，最不利循环环路的各管段水流速过高，各并联环路的压力损失难以平衡，所以常用控制 R_{pj} 值的方法，按 $R_{pj}=60～120$ Pa/m 选取管径。剩余的资用循环压力，由入口处的调压装置节流。

在机械循环热水采暖系统中，循环压力主要由水泵提供，同时也存在着重力循环作用压力。管道内水冷却产生的重力循环作用压力，占机械循环总循环压力的比例很小，可忽略不计。对于机械循环双管热水采暖系统，水在各层散热器冷却所形成的重力循环作用力不相等，在进行各立管散热器并联环路的水力计算时，应计算在内，不可忽略。对机械循环单管热水采暖系统，如建筑物各部分层数相同时，每根立管所产生的重力循环作用力近似相等，可忽略不计；如建筑物各部分层数不同时，高度和各层热负荷分配比不同的立管之间所产生的重力循环作用压力不相等，在计算各立管之间并联环路的压降不平衡率时，应将其重力循环作用压力的差额计算在内。重力循环作用压力可按设计工况下最大值的 2/3 计算（约相应于采暖季平均水温下的作用压力值）。

任务二　分户热水采暖系统

分户热水采暖系统是对传统的顺流式热水采暖系统在形式上加以改变，以建筑中具有独立产权的用户为服务对象，使该用户的采暖系统具备分户调节、控制与关断的功能。

分户热水采暖系统的形式是由我国城镇居民建筑具有公寓大型化的特点决定的——在一幢建筑的不同单元的不同楼层的不同居民住宅，产权不同。根据这一特点以及我国民用住宅的结构形式，楼梯间、楼道等公用部分应设置独立采暖系统，室内的分户热水采暖系统主要由以下三个系统组成。

一、户内水平采暖系统

满足热用户用热需求的户内水平采暖系统，就是按户分环，每一户单独引出供回水管，一方面便于供暖控制管理，另一方面用户可实现分室控温。管道连接形式常采用水平单管串联式、水平单管跨越式、水平双管同程式、水平双管异程式和水平网程(章鱼)式五种形式，如图3-15所示。

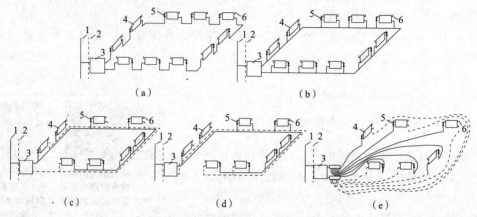

图3-15　户内水平采暖系统

(a)水平单管串联式；(b)水平单管跨越式；(c)水平双管同程式；(d)水平双管异程式；(e)水平网程式
1—供水立管；2—回水立管；3—户内系统热力入口；4—散热器；5—温控阀或关断阀；6—冷风阀

(1)水平单管串联式。水平单管串联式系统中的热媒顺次流经各个散热器，温度逐次降低。环路简单，阻力最大，各个散热器不具有独立调节能力，工作时相互影响，任何一个散热器出现故障其他均不能正常工作。并且散热器组数一般不宜过多，否则，末端散热器热媒温度较低，采暖效果不佳。

(2)水平单管跨越式。水平单管跨越式较水平单管串联式中每组散热器下多一根跨越管，热媒一部分进入散热器散热，另一部分经跨越管与散热器出口热媒混合，各个散热器具有一定的调节能力。

(3)水平双管同程式。水平双管同程式中的热媒经水平管道流入各个散热器，并联散热器的热媒进出口温度相等，水平管道为同程式，即进出散热器的管道长度相等。但比水平单管串联式中多一根水平管道，给管道的布置带来了不便。但热负荷调节能力强，可根据需要对负荷任意调节，且不相互影响。

(4)水平双管异程式为双管异程布置。

(5)水平网程式。水平网程式中热媒由分水器、集水器提供，可集中调节各个散热器的散热量，此方式常应用于低温辐射地板采暖。

二、单元立管采暖系统

单元立管采暖系统应采用异程式立管，如图3-16所示。同时单元异程式立管的管径不应因设计的保守而加大；否则，其结果与同程式立管一

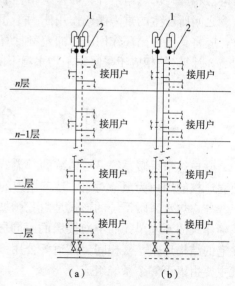

图3-16　单元立管采暖系统

(a)异程式；(b)同程式(单元立管不应采用)
1—自动排气阀；2—球阀

样将造成垂直失调，上热下冷。立管上还需设自动排气阀 1、球阀 2，便于系统顶端的空气及时排出。

三、水平干管采暖系统

采暖系统设置水平干管的目的是向单元立管系统提供热媒。水平干管采暖系统以民用建筑的单元立管为服务对象，一般设置于建筑的采暖地沟中或地下室的顶棚下。向各个单元立管供应热媒的水平干管。若环路较小可采用异程式，但一般多采用同程式，如图 3-17 所示。由于在同一平面上，没有高差，无重力循环附加压力的影响，同程式水平干管可保证到各个单元供回水立管的管道长度相等，使阻力状况基本一致，热媒分配平均，可减少水平失调带来的不利影响。

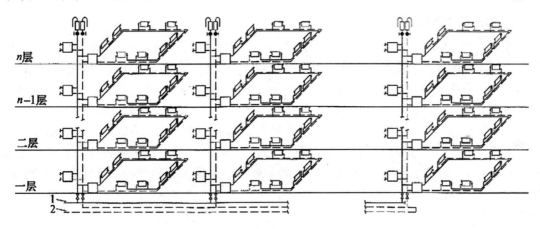

图 3-17　水平干管采暖系统示意
1—水平供水干管；2—水平回水干管

四、分户热水采暖系统的入户装置

1. 户内采暖系统入户装置

户内采暖系统包括水平管道、散热装置及温控调节装置，还应该包括系统的入户装置，如图 3-18 所示。对于新建建筑，户内采暖系统入户装置一般设于采暖管井内，改造工程应设置于楼梯间专用采暖表箱内，同时保证热表的安装、检查、维修的空间。供、回水管道均应设置锁闭阀 1、6，供水热量表前设置 Y 形过滤器 2，滤网规格宜为 60 目，采用机械式或超声波式热量表。前者价格较低，但对水质的要求高；后者的价格较前者高，可根据工程实际情况自主选用。对于仅分户但不实行计量的热用户可考虑暂不安装热量表 3，但对其安装位置应预留。

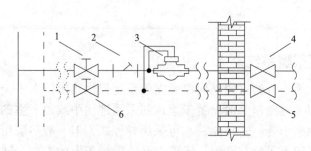

图 3-18　户内采暖系统入户装置
1、6—锁闭阀；2—Y 形过滤器；3—热量表；4、5—户内关闭阀

2. 建筑热力入口装置

建筑热力入口装置如图 3-19 所示。旁通阀 1 位于入口最外侧供、回水管道之间，其作用：当调试与维修需关闭入口的调节阀 2 与蝶阀 5、8 时，维持阀门前端管段热媒的循环。供水安装手动调节阀，使流量可调，回水安装蝶阀(或可以可靠关闭的其他阀门)。工程上常有将调节阀安在回水管道上的情况。从改变截面形状、改变流量的调节原理上来看，两者没有本质区别，但将调节阀放置在供水管道上，热水经节流后压力降低，采暖系统工作压力降低，运行上更加安全。压力表、温度计的安装有利于"监视"采暖系统，了解系统与相关设备的工作状态。安装 Y 形过滤器 3 的主要目的是使水得到过滤，为流量计 6 服务。但水质提高不应仅仅通过简单的过滤来解决，应根据各地的实际水质情况制订合理的水处理方案，同时，管道与散热器的材质与生产工艺，施工后系统的冲洗等方面都应综合考虑。热量表由流量计 6、供回水温度测量仪表与积分计算仪 4 组成。对于非分户采暖计量系统，图 3-19 中虚线内设备可去掉，但位置应保留，为下一步的计量做准备。

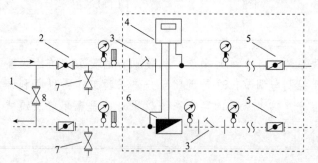

图 3-19　建筑热力入口装置
1—旁通阀；2—调节阀；3—Y 形过滤器；4—积分仪；5、8—蝶阀；
6—流量计；7—泄水阀

任务三 高层建筑热水采暖系统

随着城市建设发展，新建了很多高层建筑，目前针对高层建筑而设计的采暖系统有以下几种。

高层建筑热水供暖系统形式

一、分区式高层建筑热水采暖系统

分区式高层建筑热水采暖系统是将系统沿垂直方向分成两个或两个以上的独立系统的形式，其分界线取决于集中热网的压力状况、建筑物总层数和所选散热器的承压能力等条件。分区式系统可解决下部散热器超压问题，同时可减轻系统的垂直失调度。低区部分通常与室外网路直接连接。它的高度主要取决于室外网路的压力工况和散热器的承压能力。高区部分可根据外网的压力选择下述连接形式。

1. 高区采用间接连接方式

高区采暖系统与热水网路采用间接连接方式，如图 3-20 所示。向高区供热的热交换器可设在建筑物的底层、地下室，也可设在室外的集中热力站内。室外热网在用户处提供的资用压力较大、供水温度较高时可采用这种连接方式。

设热交换器的分区式热水供暖系统动画

2. 双水箱分层式热水采暖系统和单水箱分层式热水采暖系统

当外网在用户处提供的资用压力较小、供水温度较低时，使用热交换器所需加热面过大而不经济合理时，可采用图 3-21 所示的双水箱或单水箱分层式热水采暖系统。在高区设两个水箱，高区系统与外网直接相连（当外网供水压力低于高层建筑水静压力时，采用在供水管设加压泵的方式），利用进水、回水两个水箱的水位高差进行高区系统的循环，利用非满管流动的回水箱溢流管 6 与外网回水管压力隔绝。

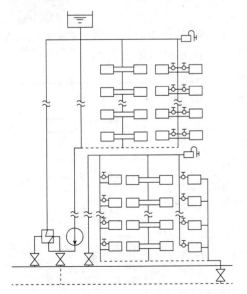

图 3-20 高区采暖系统采用间接连接方式

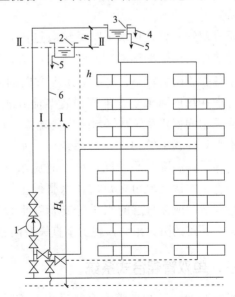

图 3-21 双水箱分层式热水采暖系统

1—加压水泵；2—回水箱；3—进水箱；
4—进水箱溢流管；5—信号管；6—回水箱溢流管

单水箱连接方式利用系统最高点的压力，使水在高层系统循环流动。

这两种方式简化了入口设备，降低了系统造价，但采用开式水箱，易使空气进入系统，造成系统的腐蚀。当室外管网在用户处提供的资用压力较小或温度较低时，可采用这两种系统形式。

二、双线式热水采暖系统

高层建筑的双线式采暖系统有垂直双线式单管热水采暖系统（图 3-22）和水平双线式单管热水采暖系统（图 3-23）两种形式。

垂直双线式单管热水供暖系统动画

水平双线式单管热水供暖系统动画

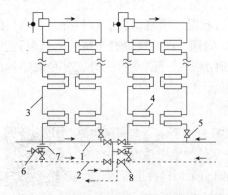

图 3-22 垂直双线式单管热水采暖系统

1—供水干管；2—回水干管；3—双线立管；
4—散热器；5—截止阀；6—排水管；
7—节流孔板；8—调节阀

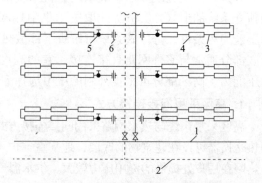

图 3-23 水平双线式单管热水采暖系统

1—供水干管；2—回水干管；3—双线水平管；
4—散热器；5—截止阀；6—节流孔板

双线式单管热水采暖系统是由垂直或水平的"几"形单管连接而成的。散热设备通常采用承压能力较高的蛇形管或辐射板（单块或砌入墙内形成壁体式结构）。

单双管混合式热水供暖系统动画

垂直双线式单管热水采暖系统散热器立管由上升立管和下降立管组成，各层散热器的热媒平均温度几乎相同，这有利于避免垂直方向的热力失调。但由于各立管阻力较小，易引起水平方向的热力失调。因此，可以考虑在每根回水立管末端设置节流孔板，以增大立管阻力，或采用同程式系统减轻水平失调现象。

水平双线式单管热水采暖系统中，水平方向的各组散热器内热媒平均温度几乎相同，可以避免水平失调问题，但容易出现垂直失调现象可在每层供水管线上设置调节阀进行分层流量调节，或在每层的水平分支管线上设置节流孔板，增加各水平环路的阻力损失，减少垂直失调问题。

三、单双管混合式系统

图 3-24 所示为单双管混合式系统。该系统将散热器沿垂直方向分组，组内采用双管系统，组与组之间采用单管连接。这种系统利用了双管系统散热器可局部调节和单管系统提高

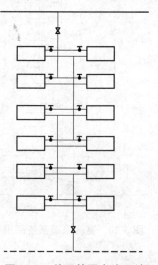

图 3-24 单双管混合式系统

水力稳定性的优点，减轻了双管系统层数多时重力作用压头引起的竖向失调严重的倾向，但该系统不能解决系统下部散热器超压的问题。

> ➤ 思考与练习

1. 重力循环热水采暖系统的主要形式有哪两种？
2. 室内的分户采暖主要由哪几个系统组成？
3. 目前针对高层建筑而设计的采暖系统有哪几种？

知识拓展：高层建筑直连(静压隔断)式
采暖系统

项目四 室内蒸汽采暖系统

任务一 蒸汽采暖系统工作原理及分类

一、蒸汽采暖系统的基本原理

以水蒸气作为热媒的采暖系统称为蒸汽采暖系统。

图 4-1 是蒸汽采暖系统原理图。水在蒸汽锅炉 1 中被加热成具有一定压力和温度的蒸汽；蒸汽依靠自身压力作用通过管道流入散热器 6 内；在散热器内放热后，蒸汽变成凝结水；凝结水经过疏水器 4（阻汽疏水）后依靠重力沿凝结水管道返回凝结水箱 5 内，再由凝结水泵 2 送入锅炉重新被加热变成蒸汽。蒸汽采暖系统中，蒸汽在散热设备中定压凝结成同温度的凝结水，发生了相态的变化。通常认为，进入散热设备的蒸汽是饱和蒸汽。虽然有时蒸汽进入散热设备时稍有

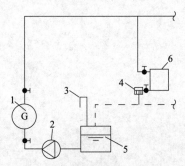

图 4-1 蒸汽采暖系统原理图

1—蒸汽锅炉；2—凝结水泵；3—空气管；
4—疏水器；5—凝结水箱；6—散热器

过热，但如果过热度不大，可忽略过热量；流出散热设备的凝结水温度通常稍低于凝结水压力下的饱和温度，这部分过冷度一般很小，也可以忽略不计。因此，认为在散热器内蒸汽凝结放出的是汽化潜热 γ。

散热设备的热负荷为 Q 时，散热设备所需的蒸汽量可按下式计算

$$G=\frac{AQ}{\gamma}=\frac{3\,600Q}{1\,000\gamma}=\frac{3.6Q}{\gamma} \tag{4-1}$$

式中　G——采暖系统所需的蒸汽量，kg/h；

$\quad\quad A$——单位换算系数，1 W＝1 J/s＝(3 600/1 000) kJ/h＝3.6 kJ/h；

$\quad\quad Q$——散热设备的热负荷，W；

$\quad\quad \gamma$——蒸汽在凝结压力下的汽化潜热，kJ/kg。

蒸汽与热水分别作为供热(暖)系统的热媒，两者具有以下一些不同的特点。

(1)热水在系统散热设备中，依靠其温度降低放出热量，热水的相态不发生变化。蒸汽在系统散热设备中，依靠水蒸气凝结成水放出热量，相态发生了变化。

(2)热水在封闭系统内循环流动，其状态参数(主要是指流量和比热容)变化很小。蒸汽和凝结水在系统管路内流动时，其状态参数变化比较大，还会伴随相态变化。

(3)在热水采暖系统中，散热设备内的热媒温度为热水流进和流出散热设备的平均温度。蒸汽在散热设备中定压凝结放热、散热设备的热媒温度为该压力下的饱和温度。

(4)蒸汽采暖系统中的蒸汽比热容较热水比热容大得多。所以在蒸汽管道中可以采用高流速。

(5)由于蒸汽具有比热容大、密度小的特点，因而在高层建筑供暖时，不会像热水供暖那样，产生很大的水静压力。

二、蒸汽采暖系统的分类

(1)按供汽压力的大小不同，蒸汽采暖系统分为三类：供汽压力等于或低于 70 kPa 且不低于大气压的系统称为低压蒸汽采暖系统；供汽压力高于 70 kPa 的系统称为高压蒸汽采暖系统；供汽压力低于大气压的系统称为真空蒸汽采暖系统。

高压蒸汽采暖系统的蒸汽压力一般由管路和设备的耐压程度决定。当选用柱形和长翼型铸铁散热器时，散热器内的蒸汽表压力不应超过 196 kPa(2 kgf/cm²)；圆翼型铸铁散热器的蒸汽表压力不得超过 392 kPa(4 kgf/cm²)。

真空蒸汽采暖系统可随室外气温调节供汽压力，在室外温度较高时，蒸汽压力甚至可降低到 10 kPa，其饱和温度仅为 45 ℃左右，卫生条件较好。但系统需要真空泵装置，较复杂，在我国很少采用。

(2)按蒸汽干管布置形式的不同，蒸汽采暖系统可分为上供式、中供式、下供式三种。

(3)按立管布置特点的不同，蒸汽采暖系统可分为单管式和双管式，目前国内大多数蒸汽采暖系统采用双管式。

(4)按凝结水回流动力的不同，蒸汽采暖系统还可分为重力回水系统、余压回水系统和加压回水系统。

任务二　室内低压蒸汽采暖系统

一、低压蒸汽采暖系统的形式

1. 双管上供下回式低压蒸汽采暖系统

图4-2所示为双管上供下回式低压蒸汽采暖系统。从锅炉出来的低压蒸汽经分汽缸11分配到供汽管道中，蒸汽在管道中依靠自身压力，克服沿途流动阻力依次经过室外蒸汽管2、室内蒸汽立管3、蒸汽干管4、立管和散热器支管进入散热器5，在散热器内放出汽化潜热变成凝结水；凝结水自散热器流出后，经凝结水支管、立管6、干管7进入室外凝结水管8后流回凝结水箱9，在凝结水泵10的作用下进入锅炉1，重新被加热进入系统。

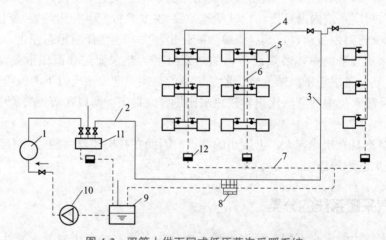

图 4-2　双管上供下回式低压蒸汽采暖系统

1—锅炉；2—室外蒸汽管；3—蒸汽立管；4—蒸汽干管；5—散热器；6—凝结水立管；

7—凝结水干管；8—室外凝结水管；9—凝结水箱；10—凝结水泵；11—分汽缸；12—疏水器

2. 双管下供下回式低压蒸汽采暖系统

图4-3所示为双管下供下回式低压蒸汽采暖系统。如果采用上供式系统，则蒸汽干管不好布置，可采用下供下回式低压蒸汽采暖系统。它与上供式系统不同的是，蒸汽干管布置在所有散热器之下，蒸汽通过立管由下向上送入散热器。当蒸汽沿着立管向上输送时，沿途产生的凝结水由于重力作用向下流动，与蒸汽流动的方向正好相反。由于蒸汽的运动速度较大，会携带许多水滴向上运动，并撞击在弯头、阀门等部件上，产生震动和噪声，这就是常说的水击现象。

知识拓展：蒸汽采暖系统正常工作的条件

3. 双管中供式低压蒸汽采暖系统

图4-4所示为双管中供式低压蒸汽采暖系统。如果多层建筑顶层或顶棚下不宜设置蒸汽干管，可采用中供式系统。中供式系统蒸汽干管末端不必设置疏水器，总立管的长度也比上供式短，蒸汽干管沿途散失的热量可以得到有效的利用。

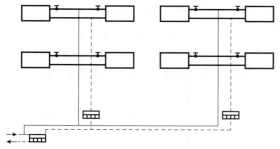

图 4-3　双管下供下回式低压蒸汽采暖系统

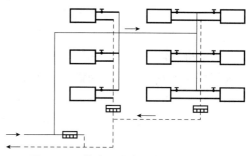

图 4-4　双管中供式低压蒸汽采暖系统

4. 单管上供下回式低压蒸汽采暖系统

如图 4-5 所示，单管上供下回式低压蒸汽采暖系统采用单根立管，节省管材，在蒸汽立管中蒸汽与凝结水同向流动，不易发生水击现象。但该系统底层散热器容易被凝结水充满，散热器内的空气不易排出。

由于散热器内低压蒸汽的密度比空气小，通常在每组散热器的下部 1/3 高度处

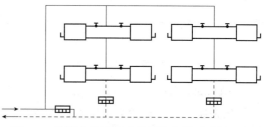

图 4-5　单管上供下回式低压蒸汽供暖系统示意

设置自动排气阀，其作用除运行时使散热器内空气在蒸汽压力的作用下及时排出外，还可以在系统停止供汽、散热器内形成负压时通过自动排气阀迅速向散热器内补充空气，防止散热器内形成真空而破坏散热器接口的严密性，而且可以将凝结水排除干净，再次启动时不易产生水击现象。

二、低压蒸汽采暖系统的凝结水回收方式

低压蒸汽采暖系统的凝结水是锅炉高品质的补给水，应尽可能多地回收符合质量要求的凝结水，这样可以减少水处理设备，降低系统造价和运行管理费用。凝结水回收时应考虑利用好二次蒸汽，减少热能损失，避免出现水击现象。

低压蒸汽采暖系统的凝结水回收方式主要有重力回水和机械回水两种形式。

1. 重力回水系统

蒸汽采暖系统凝结水依靠自身重力流回锅炉房的系统称为重力回水系统。图 4-6 所示为重力回水低压蒸汽采暖系统示意。该系统中，锅炉产生的蒸汽靠自身压力的作用克服流动阻力进入散热器，将散热器内的空气排入水平干式凝结水管，通过干式凝结水管末端的空气管 B 排出系统。空气管的作用除在正常运行时排出系统内的空气外，还可以在停止供汽时向系统内补充空气，防止散热器内蒸汽凝结时形成真空，将锅炉内的水倒吸入凝结水管和散热器

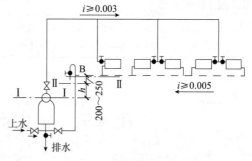

图 4-6　重力回水低压蒸汽采暖系统示意
（单位：mm）

内，破坏系统的正常运行。在散热器内，蒸汽凝结放热变成凝结水，凝结水依靠重力作用克服管路流动阻力和锅炉压力返回锅炉，再重新被加热变成蒸汽。

重力回水低压蒸汽采暖系统中，总凝结水立管与锅炉直接相连，系统未运行时锅炉和总凝结水立管中的水位在Ⅰ—Ⅰ平面上。系统运行后，在蒸汽压力的作用下，总凝结水立管中的水位将升高至Ⅱ—Ⅱ平面，升高值为 h。因为系统中水平干式凝结水管末端所设空气管与大气相通，所以 h 值即为锅炉压力折合的水柱高度。该系统若想使空气能顺利通过干式凝结水管末端的空气管排除，就必须将水平干式凝结水管设在Ⅱ—Ⅱ平面之上，要求留有 200~250 mm 的富余值，从而保证水平干式凝结水管和散热器不致被凝结水淹没，保证系统正常工作。

特 别 提 醒

重力回水低压蒸汽采暖系统形式简单，不需设置凝结水泵和凝结水箱，不消耗电能，系统的初投资和运行管理费用较低，适用于锅炉蒸汽压力要求较低的小型系统，以及建筑物有地下室可利用的情况。

2. 机械回水系统

如果系统作用半径较大，供汽压力较高（超过 20 kPa），凝结水不可能依靠重力直接返回锅炉，可考虑采用机械回水系统。

如图 4-2 所示，凝结水先靠重力作用流入用户凝结水箱收集，再通过凝结水泵加压后返回锅炉房，这种系统称为机械回水（或加压回水）系统。该系统要求用户凝结水箱应布置在所有散热器和水平干式凝结水管之下，进入凝结水箱的凝结水管应做成顺水流下降的坡度，以便于散热器流出的凝结水能靠重力流入凝结水箱。系统布置时应注意以下两点。

（1）为防止水泵停止运行时锅炉中的水倒流入凝结水箱，应在凝结水泵的出水管上安装止回阀。

（2）为防止水在凝结水泵吸入口处汽化，避免水泵出现汽蚀现象，凝结水泵与凝结水箱应有一定的高度差，该高度差取决于凝结水温度，见表 4-1。

表 4-1 凝结水泵中心与凝结水箱最低水位之间的高差

凝结水温度/℃	0	20	40	50	60	75	80	90	100
泵高于水箱/m	6.4	5.9	4.7	3.7	2.3	0	—	—	—
泵低于水箱/m	—	—	—	—	—	—	2	3	6

注：1. 当泵高于水箱时，表中数字为最大吸水高度。

2. 当泵低于水箱时，表中数字为最小正水头

任务三　室内高压蒸汽采暖系统

一、高压蒸汽采暖系统的形式

1. 双管上供下回式高压蒸汽采暖系统

高压蒸汽采暖系统多采用上供下回式，如图 4-7 所示。高压蒸汽通过室外蒸汽管网 1 输

送至用户入口的高压分汽缸，根据每个用户的使用情况和压力要求，从分汽缸上引出的蒸汽管路分别送至不同的用户。当蒸汽入口压力或生产工艺用热的使用压力高于采暖系统的工作压力时，应在分汽缸之间设置减压装置4，减压后蒸汽再进入低压分汽缸送至不同的用户。送入室内各管道的蒸汽在散热设备中冷凝放热后形成凝结水。凝结水经凝结水管道汇集到凝结水箱。凝结水箱7的水通过凝结水泵8加压送回锅炉重新加热，循环使用。

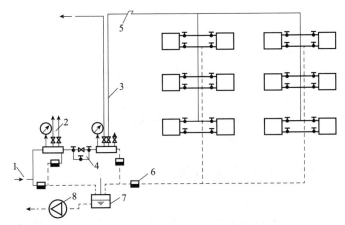

图 4-7　双管上供下回式高压蒸汽采暖系统

1—室外蒸汽管网；2—室内高压蒸汽供热管；3—室内高压蒸汽供暖管；4—减压装置；

5—补偿器；6—疏水器；7—凝结水箱；8—凝结水泵

特 别 提 醒

　　与低压蒸汽采暖系统不同，高压蒸汽采暖系统在每个环路凝结水干管末端集中设置疏水器，在散热器的进口、出口支管上均安装阀门，以便调节供汽量和检修散热器时管段管路。

2. 双管上供上回式高压蒸汽采暖系统

　　当房间地面不宜布置凝结水管道时，可采用双管上供上回式高压蒸汽采暖系统，如图4-8所示。凝结水依靠疏水器之后的余压作用上升到凝结水干管，再返回室外管网。在每组散热器1的凝结水出口处，除安装疏水器3外，还应安装止回阀4，防止停止供汽后凝结水充满散热设备。该系统不利于运行管理，系统停汽检修时，各用热设备和立管要逐个排放凝结水。上供上回式系统通常只应用在散热量较大的暖风机采暖系统中。

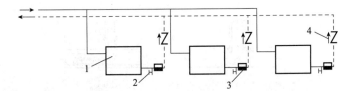

图 4-8　双管上供上回式高压蒸汽采暖系统

1—散热器；2—泄水阀；3—疏水器；4—止回阀

与低压蒸汽采暖系统相比，高压蒸汽采暖系统具有以下特点。

(1)供汽压力高，热媒流速大，系统的作用半径较大；相同负荷时，系统所需的管径和散热面积小。

（2）供汽管道表面温度高，输送过程中无效热损失大；散热器表面温度高，易烫伤人，易使落在散热器上的灰尘扬起，安全条件和卫生条件较差。

（3）凝结水温度高，回流易产生二次蒸汽，若凝结水回流不畅，易产生严重的水击现象。

（4）管道热伸长量大，需要设置固定支架和补偿器。

特 别 提 醒

> 双管上供上回式高压蒸汽采暖系统不利于运行管理，系统停汽检修时，各散热设备和立管要逐个排放凝结水。通常只有在使用散热量较大的暖风机采暖系统而地面不允许敷设凝结水管时（如在多跨车间中部布置暖风机），才考虑采用。

二、高压蒸汽采暖系统的凝结水回收方式

1. 余压回水和加压回水

高压蒸汽采暖系统凝结水回收按凝结水回流动力的不同，可分成余压回水和加压回水两种形式。

（1）余压回水。从室内散热设备流出的凝结水有很高压力，凝结水克服疏水器阻力后的余压足以把凝结水送回车间或锅炉房内的高位凝结水箱，这种回水方式称为余压回水，如图 4-9 所示。

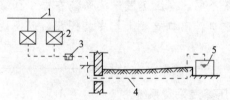

图 4-9　高压蒸汽余压回水

1—蒸汽管；2—散热设备；3—疏水器；4—余压凝结水管；5—凝结水箱

余压回水设备简单，是一种普遍采用的高压凝结水回收方式。为避免高低压凝结水合流时相互干扰，影响低压凝结水的顺利排出，可采用图 4-10 所示的措施。

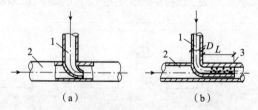

（a）　　　　　　　　　　（b）

图 4-10　高低压凝结水合流的简单措施

（a）喷嘴状的高压凝结水管；（b）多孔管的高压凝结水管

1—高压凝结水管；2—低压凝结水管；3—φ3 的孔径

①将高压凝结水管做成喷嘴顺流插入低压凝结水管中。

②将高压凝结水管做成多孔管顺流插入低压凝结水管中。

（2）加压回水。如图4-11所示，当余压不足以将凝结水送回锅炉房时，可在用户处（或几个用户联合的凝结水分站）设置凝结水箱，收集几个用户不同压力的高温凝结水；处理二次蒸汽后，使用凝结水泵4将凝结水加压送回锅炉房，这就是加压回水方式。

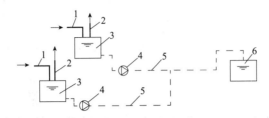

图4-11　高压蒸汽加压回水

1—高压凝结水管；2—二次蒸汽管；3—分站凝结水箱；4—凝结水泵；5—压力凝结水管；6—总站凝结水箱

2. 开式凝结水回收系统和闭式凝结水回收系统

高压蒸汽凝结水回收系统又可按凝结水是否与大气相通分成开式系统和闭式系统。

（1）开式凝结水回收系统。如图4-12所示，各散热设备排出的高温凝结水依靠疏水器3之后的余压送入开式高位凝结水箱6，在该水箱内泄掉过高压力，并通过水箱上的空气管5排放出二次蒸汽变成稳定的冷凝水，再靠高位凝结水箱与锅炉房凝结水箱8之间的高差，通过高位凝结水箱与锅炉房凝结水箱之间的湿式凝结水管7，返回锅炉房凝结水箱。在系统开始运行时，可借助高压蒸汽的压力将管路系统和散热设备内的空气，通过余压凝结水管4排入开式凝结水箱，再通过凝结水箱顶的空气管排出系统。

这种系统因为采用了开式高位凝结水箱，不可避免地会产生二次蒸汽的损失和空气的渗入，因而会损失热能，腐蚀管道，污染环境，一般只适用于凝结水量小于10/h、作用半径小于500 m且二次蒸汽量不多的小型工厂。

（2）闭式凝结水回收系统。当蒸汽采暖系统使用较高压力时，凝结水管道中生成的二次蒸汽量会很多。如图4-13所示，凝结水回收系统中设置了闭式二次蒸发箱，系统中各散热设备1排出的高温凝结水靠疏水器后的余压被送入与大气隔绝的封闭的二次蒸发箱，散热设备与二次蒸发箱间的凝结水管路仍属于干式凝结水管。在二次蒸发箱5内，二次蒸汽与凝结水分离，二次蒸汽引入附近的低压蒸汽用热设备加以利用，分离出来的凝结水通过闭式满管流的湿式凝结水管流回锅炉房凝结水箱7。

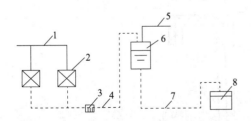

图4-12　开式凝结水回收系统

1—蒸汽管；2—散热设备；3—疏水器；4—余压凝结水管；
5—空气管；6—开式高位凝结水箱；7—湿式凝结水管；
8—锅炉房凝结水箱

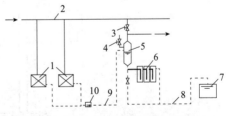

图4-13　闭式满管高凝结水回收系统

1—散热设备；2—蒸汽管；3—压力调节器；4—安全阀；
5—二次蒸发箱；6—多级水封；7—锅炉房凝结水箱；
8—闭式满管流凝结水管；9—余压凝结水管；10—疏水管

二次蒸发箱一般架设在距地面约 3 m 处，箱内蒸汽的压力可参考二次蒸汽的利用要求和回收凝结水的温度要求而定，一般为 20～40 kPa。在运行中，当用汽量小于二次蒸汽量时，箱内压力升高，箱上的安全阀会自动排汽降压；当用汽量大于二次蒸汽量、箱内压力降低时，可通过压力调节器自动控制蒸汽补给管补入蒸汽，维持二次蒸发箱内压力稳定。

这种方式可避免室外余压回水管中汽水两相流动时产生的水击现象，减少高低压凝结水合流时相互干扰，缩小外网的管径。但系统中设置了二次蒸发箱，设备增多，运行管理复杂。

任务四　蒸汽采暖系统附属设备

一、疏水器

（一）疏水器的类型

疏水器是蒸汽采暖系统特有的自动阻汽疏水设备，它的工作状况对系统运行的可靠性和经济性影响极大。疏水器有以下几种类型。

1. 机械型疏水器

机械型疏水器利用蒸汽和凝结水的密度不同，以及凝结水的液位变化来控制凝结水排水孔自动启闭工作，主要有浮筒式、钟型浮子式和倒吊桶式等几种类型。

浮筒式疏水器属机械型疏水器，如图 4-14 所示。凝结水进入疏水器外壳 2 内，当壳内水位升高时浮筒 1 浮起，将阀孔 4 关闭，凝结水继续流入浮筒。当水即将充满浮筒时，浮筒下沉，阀孔打开，凝结水借蒸汽压力排到凝结水管中。当凝结水排出一定数量后，浮筒的总质量减轻，浮筒再度浮起又将阀孔关闭。如此反复。

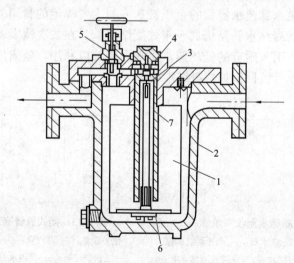

图 4-14　浮筒式疏水器

1—浮筒；2—外壳；3—顶针；4—阀孔；5—放气阀；6—重块；7—水封套筒排气孔

浮筒式疏水器在正常工作情况下，漏汽量只等于水封套筒排气孔的漏汽量，量很少，它能排出具有饱和温度的凝结水。疏水器前凝结水的表压力 P_1 在 500 kPa 或更小时便能启动疏水。排水孔阻力较小，疏水器的背压可以很高。它的主要缺点是体积大，排水量小，活动部件多，筒内易沉渣垢，阀孔易磨损，维修量较大，它一般水平安装在用户出口处。

💡 **知识链接**

倒吊桶式疏水器

倒吊桶式疏水器内部是一个倒吊桶，该倒吊桶为液位敏感件，开口向下。倒吊桶连接杠杆带动阀芯开闭阀门。倒吊桶式疏水器能排空气，不怕水击，抗污性能好。其过冷度小，漏汽率小于 3%，最大背压率为 75%。其连接件比较多，灵敏度不如自由浮球式疏水器。由于倒吊桶式疏水器是靠蒸汽向上浮力关闭阀门的，工作压差小于 0.1 MPa 时，不适合选用。

当装置刚启动时，管道内的空气和低温凝结水进入疏水器内，倒吊桶靠自身质量下坠，倒吊桶连接杠杆带动阀芯开启阀门，空气和低温凝结水迅速排出。当蒸汽进入倒吊桶内，倒吊桶的蒸汽产生向上浮力，倒吊桶上升连接杠杆带动阀芯关闭阀门。倒吊桶上开有一小孔，当一部分蒸汽从小孔排出，另一部分蒸汽产生凝结水，倒吊桶失去浮力，靠自身质量向下沉，倒吊桶连接杠杆带动阀芯开启阀门，循环工作，间断排水。

---

2. 热动力型疏水器

热动力型疏水器是利用相变原理靠蒸汽和凝结水热动力学（流动）特性的不同来工作的，主要有圆盘式、脉冲式和孔板式等几种类型。

（1）圆盘式疏水器。圆盘式疏水器属于热动力型疏水器，如图 4-15 所示。当过冷的凝结水流入孔 A 时，靠圆盘形阀片上下的压差顶开阀片 2，水经环形槽 B，从向下开的小孔排出，由于凝结水的比体积几乎不变，凝结水流动通畅，阀片常开，连续排水。圆盘浮筒式疏水器的正常工作情况下，当凝结水带有蒸汽时，蒸汽在阀片下面从孔 A 经槽 B 流向出口，在通过阀片和阀座之间的狭窄通道时，压力下降，蒸汽比体积急剧增大，阀片下面蒸汽流速激增，造成阀片下面的静压下降。同时，蒸汽在槽 B 与出口孔处受阻，被迫从阀片和阀盖之间的缝隙冲入阀片上部的控制室，动压转化为静压，在控制室内形成比阀片下部更高的压力，迅速将阀片压下阻汽。阀片关闭一段时间后，由于控制室内蒸汽凝结，压力下降会使阀片瞬时开启，造成周期性漏气。因此，新型的圆盘式疏水器凝结水先通过阀盖夹套再进入中心孔，以

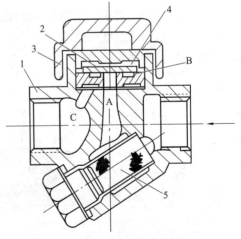

图 4-15　圆盘式疏水器
1—阀体；2—阀片；3—阀盖；4—控制室；
5—过滤器

减缓控制室内蒸汽的凝结。

圆盘式疏水器体积小，质量轻，结构简单，安装维修方便，但易出现周期漏汽现象，在凝水量小或疏水器前后压差过小时会发生连续漏汽；当周围环境温度较高时，控制室内的蒸汽凝结缓慢，阀片不易打开，会使排水量减少。它一般水平安装在散热器出口。

(2)脉冲式疏水器。脉冲式疏水器有两个孔板，可根据蒸汽压降变化调节阀门开关，即使阀门完全关闭入口和出口，也是通过第一、第二个小孔相通，始终处于不完全关闭状态，蒸汽不断逸出，漏汽量大。该疏水阀动作频率很高，磨损厉害，寿命较短。其体积小，耐水击，能排出空气和饱和温度水，接近连续排水，最大背压率为 25%，因此使用者很少。

(3)孔板式疏水器。孔板式疏水器是根据不同的排水量选择不同孔径的孔板控制排水量的目的。其结构简单，选择不合适会出现排水不及或大量跑汽现象，不适用于间歇生产的用汽设备或冷凝水量波动大的用汽设备。

3. 热静力型疏水器

热静力型疏水器是靠蒸汽和凝结水的温度差引起恒温元件膨胀或变形工作的，主要有温调式、膜盒式、双金属片式等几种类型。

(1)温调式疏水器。图 4-16 所示为温调式疏水器，它属于热静力型疏水器。疏水器的动作部件是一个波纹管的温度敏感元件，波纹管内部充入易蒸发的液体。当蒸汽通过时，蒸汽的温度较高，使波纹管内易蒸发的液体温度增高，体积膨胀，波纹管轴向伸长带动阀芯关闭阀孔通路，防止蒸汽逸漏。当疏水器中的蒸汽向四周散热，温度下降变成凝结水时，波纹管收缩打开阀孔，凝结水流出。当空气或冷的凝结水通过时，阀孔敞开，顺利排水。疏水器尾部带有调节螺钉，向前调节可减少疏水器的阀孔间隙，提高凝结水过冷度。此种疏水器排放的凝结水温度为 60～100 ℃，为使疏水器前凝结水温度降低，疏水器前 1～2 m 管道不保温。

温调式疏水器加工工艺要求较高，适用于排除过冷凝结水，不宜安装在周围环境温度高的场合。

选择疏水器时，要求疏水器在单位压降下凝结水排量大，漏气量小，能顺利排出空气，对凝结流量、压力和温度的适应性强，且结构简单，活动部件少，便于维修，体积小，金属耗量少，使用寿命长。

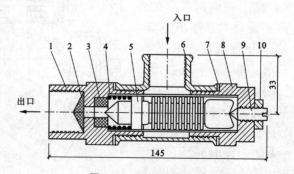

图 4-16 温调式疏水器

1—大管接头；2—过滤网；3—网座；4—弹簧；5—温度敏感元件；6—三通；7—垫片；

8—后盖；9—调节螺钉；10—锁紧螺母

(2)膜盒式疏水器。膜盒式疏水器的主要动作元件是金属膜盒，内充一种气化温度比水的饱和温度低的液体，有开阀温度低于饱和温度 15 ℃和 30 ℃两种可供选择。膜盒式疏水阀的反应特别灵敏，不怕冻，体积小，耐过热，任意位置都可安装。背压率大于 80%，能排不凝结气体，膜盒坚固，使用寿命长，维修方便，使用范围很广。

装置刚起动时，管道出现低温冷凝水，膜盒内的液体处于冷凝状态，阀门处于开启位置。当冷凝水温度渐渐升高，膜盒内充液开始蒸发，膜盒内压力上升，膜片带动阀芯向关闭方向移动，在冷凝水达到饱和温度之前，疏水器开始关闭。膜盒随蒸汽温度变化控制阀门开关，起到阻汽排水作用。

(3)双金属片式疏水器。双金属片式疏水器的主要部件是双金属片感温元件，随蒸汽温度升降受热变形，推动阀芯开关阀门。双金属片式疏水器设有调整螺栓，可以根据需要调节使用温度，一般过冷度调整范围低于饱和温度 15～30 ℃，背压率大于 70%，能排不凝结气体，不怕冻，体积小，能抗水锤，耐高压，任意位置都可安装。双金属片有疲劳性，需要经常调整。

当装置刚起动时，管道出现低温冷凝水，双金属片是平展的，阀芯在弹簧的弹力下，阀门处于开启位置。当冷凝水温度渐渐升高，双金属片感温元件开始弯曲变形，并把阀芯推向关闭位置。在冷凝水达到饱和温度之前，疏水阀开始关闭。双金属片随蒸汽温度变化控制阀门开关，阻汽排水。

(二)疏水器的安装

疏水器通常水平安装，安装时有以下要求：

(1)疏水器应安装在便于操作和检修的位置，安装应平整，支架应牢固，连接管路应有坡度，其排水管与凝结水干管(回水)相接时，连接口应在凝结水干管的上方。

(2)当管道和设备需要设置疏水器时，必须做排污短管(座)，排污短管(座)应有不小于 150 mm 的存水高度，在存水高度线上部开口接疏水器，排污短管(座)下端应设法兰盖。

(3)应设置必要的法兰和活接头等，以便检修拆卸。

图 4-17 所示是疏水器的几种常见安装方式。

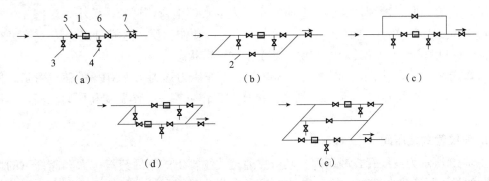

图 4-17　疏水器的安装方式

(a)不带旁通管水平安装；(b)旁通管水平安装；(c)旁通管垂直安装；

(d)不带旁通管并联安装；(e)带旁通管并联安装

1—疏水器；2—旁通管；3—冲洗管；4—检查管；5、6—截止阀；7—止回阀

疏水器1各种配管的作用如下：

（1）旁通管2。系统初运行时，通过旁通管加速排放大量凝结水。正常运行时，应关闭旁通管，以免蒸汽窜入凝结水管路，影响其他用热设备的使用和室外管网的压力。对于不允许中断供汽的生产供热系统，需要装设旁通管。

知识拓展：疏水器的
选择步骤

（2）冲洗管3。冲洗管用于排出系统中的空气和冲洗管路。

（3）检查管4。检查管用于检查疏水器是否正常工作。

（4）止回阀7。止回阀用于防止停止供汽时凝结水倒流回用户供热设备，避免下次启动时系统内出现水击现象。

通常疏水器前应安装过滤器，用来过滤凝结水中的渣垢杂质。如果疏水器自身带有过滤器，可不再安装。过滤器应经常清洗，以防堵塞。

二、减压阀

当外网压力超过用户的允许压力时，可以设置减压阀来减少建筑物入口供水干管上的压力。减压阀可通过调节阀孔大小，对蒸汽进行节流而达到减压的目的，并能自动将阀后压力维持在一定范围内。

（一）减压阀的种类

目前常用的减压阀有活塞式减压阀、波纹管式减压阀和弹簧薄膜式减压阀等，这里介绍前两种。

1. 活塞式减压阀

图 4-18 所示为活塞式减压阀。活塞 4 上的阀前蒸汽压力和下弹簧 6 的弹力相互平衡，控制主阀 5 上下移动，增大或减少阀孔的流通面积。薄膜片 2 带动针阀 3 升降，薄膜片的弯曲度靠上弹簧 1 和阀后蒸汽压力的相互作用操纵。启动前，主阀关闭，启动时，旋紧螺钉 7 压下薄膜片 2 和针阀 3，阀前压力 p_1 的蒸汽通过阀体到达活塞 4 的上部空间，推下活塞打开主阀。蒸汽通过主阀后，压力下降为 p_2，经阀体进入薄膜片的下部空间，作用在薄膜片上的力与旋紧的弹簧力相平衡。可调节旋紧螺钉使阀后压力达到设定值。当某种原因使阀后压力 p_2 升高时，薄膜片 2 由于下面的作用力变大而上弯，针阀 3 关小，活塞 4 的推力下降，主阀 5 上升，阀孔通路变小，p_2 下降。反之，动作相反。这样可以保持 p_2 在一个较小的范围（一般在 ±0.05 MPa）内波动，处于基本稳定状态。

活塞式减压阀适用于工作温度低于 300 ℃、工作压力达到 1.6 MPa 的蒸汽管道，阀前与阀后最小调节压差为 0.15 MPa。活塞式减压阀工作可靠，工作温度和压力较高，适用范围广。

2. 波纹管式减压阀

图 4-19 所示为波纹管式减压阀。其依靠通至波纹箱 1 的阀后蒸汽压力和阀杆下的调节弹簧 2 的弹力平衡来调节主阀的开启度。其压力波动范围在 ±0.025 MPa 以内，阀前与阀后的最小调压差为 0.025 MPa。

波纹管式减压阀适用于工作温度低于 200 ℃，工作压力达到 1.0 MPa 的蒸汽管道，其调节范围大，压力波动范围小，适用于需减为低压的蒸汽采暖系统。

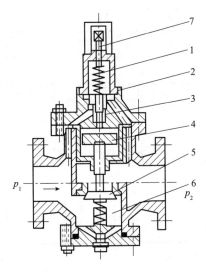

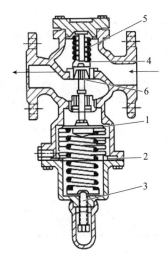

图 4-18 活塞式减压阀

1—上弹簧；2—薄膜片；3—针阀；4—活塞

5—主阀；6—下弹簧；7—旋紧螺钉

图 4-19 波纹管式减压阀

1—波纹箱；2—调节弹簧；3—调节螺钉

4—阀瓣；5—辅助弹簧；6—阀杆

(二)减压阀的安装

减压阀的安装是以阀组的形式表现的，阀组由减压阀、控制阀、压力表、安全阀、冲洗管和旁通管等组成。图 4-20 所示为减压阀的安装形式，其安装尺寸见表 4-2。减压阀安装时不能装反，应使它垂直地安装在水平管道上。旁通管是减压阀的一个组成部分，当减压阀发生故障需要检修时，可关闭减压阀两侧的截止阀，暂时通过旁通管供汽。减压阀两侧应分别装有高压压力表和低压压力表。为了防止减压后的压力超过运行的限度，阀后应装设安全阀。

送气前，为防止管路内的污垢和积存的凝结水使主阀产生水击现象，振动和磨损阀门的密封面，可以先将旁通管路的截止阀打开，使汽、水混合的污垢从旁通贯通过，然后开动减压阀。

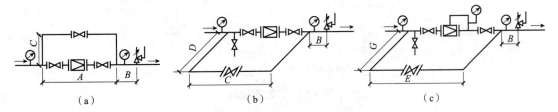

图 4-20 减压阀的安装形式

(a)活塞式旁通管垂直安装；(b)活塞式旁通管水平安装；(c)薄膜式、波纹管式旁通管水平安装

表 4-2 减压阀的安装尺寸   mm

减压阀直径	A	B	C	D	E	F	G
25	1 100	400	350	200	1 350	250	200
32	1 160	400	350	200	1 350	250	200

减压阀直径	A	B	C	D	E	F	G
40	1 300	500	400	250	1 500	300	250
50	1 400	500	450	250	1 600	300	250
65	1 400	500	500	300	1 650	350	300
80	1 500	550	650	350	1 750	350	350
100	1 600	550	750	400	1 850	400	400
125	1 800	600	800	450			
150	2 000	650	850	500			

三、二次蒸发箱

二次蒸发箱的作用是将各用汽设备排出的凝结水，在较低压力下扩容，分离出一部分二次蒸汽，并将其输送到热用户加以利用。二次蒸发箱实际上是一个扩容器，其构造如图 4-21 所示。高压含汽凝结水沿切线方向进入箱内，在较低压力下扩容，分离出部分二次蒸汽，凝结水的旋转运动使汽、水更容易分离，凝结水向下流动沿凝结水管送回凝结水箱。二次蒸发箱的型号及规格可参见国家标准图集。

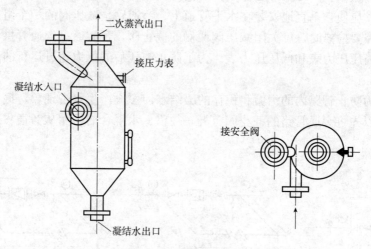

图 4-21　二次蒸发箱

二次蒸发箱内，每小时凝结水产生二次蒸汽的体积为

$$V_q = Gxv \tag{4-2}$$

式中　V_q——每小时凝结水产生二次蒸汽的体积，m^3；

G——每小时流入二次蒸发箱的凝结水质量，kg；

x——每 1 kg 凝结水的二次汽化率，%；

v——蒸发箱内压力 p_3 对应的蒸汽比体积，m^3/kg。

二次蒸发箱的容积 V 可按每 1 m^3 容积每小时分离出 2 000 m^3 蒸汽来确定，蒸发箱中

20%体积存水，80%体积为蒸汽分离空间。即

$$V_q = \frac{Gxv}{2\,000} = 0.000\,5Gxv \tag{4-3}$$

蒸发箱的截面面积按蒸汽流速不大于 2.0 m/s、水流速度不大于 0.25 m/s 来设计，二次蒸发箱的型号及规格见国家标准图集。

四、安全阀

安全阀是指启闭件受外力作用处于常闭状态，而当设备或管道内的介质压力升高超过规定值时开启向系统外排放介质来防止管道或设备内介质压力超过规定数值的特殊阀门。安全阀属于自动阀类，主要用于锅炉、压力容器和管道上，控制压力不超过规定值，对人身安全和设备运行起重要保护作用。

安全阀结构主要有弹簧式和杠杆式两大类。弹簧式安全阀阀瓣与阀座的密封靠弹簧的作用力；杠杆式安全阀是靠杠杆和重锤的作用力。安全阀的排放量决定于阀座的口径与阀瓣的开启高度，也可分为两种：微启式，开启高度是阀座内径的 1/40~1/20；全启式，开启高度是阀座内径的 1/4~1/3。

各种安全阀的进出口公称直径都相同，设计时应注明适用压力范围，安全阀的蒸汽进口接管直径不应小于其内径。通至室外的排气管直径不应小于安全阀的内径，且不得小于 40 mm。法兰连接的单弹簧或单杠杆安全阀座的内径一般比公称直径小一号，例如 $DN100$ 的阀座内径为 80 mm，双弹簧或双杠杆安全阀座的内径一般比公称直径小两号，例如，$DN100$ 的阀座内径为 2×65 mm。

任务五　蒸汽采暖系统的水力计算

一、低压蒸汽采暖系统水力计算的原则和方法

1. 蒸汽管路的计算原则

在低压蒸汽采暖系统中，蒸汽依靠锅炉出口自身的压力沿管道流动，最后进入散热器而凝结放热。

低压蒸汽采暖系统的水力计算原理和基本公式与热水采暖系统相同。蒸汽在管道流动时，需进行沿程阻力损失 ΔP_y 和局部阻力损失 ΔP_j 的计算。

(1)沿程阻力损失 ΔP_y。由达西公式，单位长度沿程阻力损失（比摩阻）R 为

$$R = \frac{\lambda}{d} \cdot \frac{\rho v^2}{2} \tag{4-4}$$

在低压蒸汽采暖系统中，蒸汽的流动状态多处于湍流的过渡区，沿程阻力系数 λ 的计算公式可以采用过渡区公式，管壁的粗糙度 $K=0.2$ mm。

管段的沿程阻力损失按下式计算：

$$\Delta P_y = Rl \tag{4-5}$$

蒸汽在管路中流动时，蒸汽的流量随沿途凝结水的产生不断减少，蒸汽的密度因压力

的降低也不断减小。但由于压力变化不大，工程计算中可忽略压力和密度的变化，认为每个计算管段内的流量 Q 和整个系统的密度 ρ 是不变的。

附表 4-1 为室内低压蒸汽采暖系统管路水力计算表，其数据是在蒸汽压力为 5～20 kPa、蒸汽密度 $\rho=0.6 \text{ kg/m}^3$、$K=0.2 \text{ mm}$ 条件下得出的。

(2)局部阻力损失 ΔP_j。局部阻力损失的计算公式为

$$\Delta P_j = \sum \xi_i \frac{\rho v^2}{2} \tag{4-6}$$

各局部构件的局部阻力系数 ξ 值可查附表 3-2 确定。

$\sum \xi = 1$ 时的动压头 $\frac{\rho v^2}{2}$ 可查附表 4-2 确定。

2. 蒸汽管路的计算方法

低压蒸汽采暖系统要求系统始端压力除克服管路阻力外，到达散热器入口处时蒸汽还应留有 1 500～2 000 Pa 的剩余压力，以克服阀门和散热器入口的局部阻力，使蒸汽进入散热器，并将散热器内的空气排出。

低压蒸汽采暖系统管路的水力计算，同样先从最不利环路开始，即从锅炉出口或系统始端至最远散热器之间的蒸汽管路开始。最不利环路的水力计算通常采用控制比压降法和平均比摩阻法。

(1)控制比压降法。控制比压降法是将最不利环路的每米长的总压力损失控制在 100 Pa/m 的范围内。

(2)平均比摩阻法。平均比摩阻法是在已知锅炉或室内入口处蒸汽压力条件下进行计算的，管路的平均比摩阻按下式计算：

$$R_{pj} = \frac{\alpha(P_g - 2\ 000)}{\sum l_i} \tag{4-7}$$

式中　R_{pj}——平均比摩阻，Pa/m；

　　　α——沿程压力损失占总压力损失的百分数，取 $\alpha=0.6$；

　　　P_g——锅炉出口或室内用户入口的蒸汽表压力，Pa；

　　　2 000——散热器入口处的蒸汽剩余压力，Pa；

　　　$\sum l_i$——最不利环路管段的总长度，m。

当锅炉出口或室内用户入口处蒸汽压力高时，仍建议控制比压降值，按不超过 100 Pa/m 设计。

最不利环路各管段的水力计算完成后，即可进行其他立管的水力计算。可按平均比摩阻法来选择其他立管的管径。为了避免水击和噪声，便于排除蒸汽管路中的凝结水，《民用建筑供暖通风与空气调节设计规范》(GB 50736—2012)规定，管内最大允许流速为：汽、水同向流动时不大于 30 m/s；汽、水逆向流动时不大于 20 m/s。

并联支路压力损失的相对差额，即节点不平衡率一般控制在 25% 以内。此外，考虑蒸汽管内沿途凝结水和空气的影响，末端管径应适当放大。当干管始端管径在 50 mm 以上时，末端管径应不小于 32 mm；当干管始端管径在 50 mm 以下时，末端管径应不小于 25 mm。

汽、水逆向流动时，对蒸汽在管道中的流速限制低一些，实际工程设计中，常采用比上述数值更低一些的流速，使运行更可靠。

3. 凝结水管路的计算

低压蒸汽采暖系统凝结水管路，在排气管前的管路为干式凝结水路，管路截面的上半部为空气，管路截面的下半部为流动凝结水，凝结水管路必须保证凝结水在 0.005 以上的向下坡度中处于非满管流状态。

排气管后面的凝结水管路，可以全部充满凝结水，称为湿式凝结水管，其流动状态为满管流。在相同热负荷条件下，湿式凝结水管选用的管径比干式的小。

凝水干管安装时的坡度不小于 0.005，且凝水干管始端管径一般不小于 25 mm；负荷不大时，可不小于 20 mm。散热器凝结水支管管径一般为 15 mm。湿式凝结水管的空气管管径一般为 15 mm。

二、高压蒸汽采暖系统水力计算的原则和方法

室内高压蒸汽采暖系统管路的水力计算原理与低压蒸汽采暖系统完全相同，都要进行蒸汽管路和凝结水管路的计算。

高压蒸汽采暖系统管路的水力计算任务同样是选择管径和计算压力损失。计算原理与低压蒸汽管路相同，沿途的蒸汽量和密度的变化可以忽略不计。管内蒸汽的流动状态属于湍流过渡区和阻力平方区，管壁的粗糙度 $K=0.2$ mm。为了计算方便，一些供暖通风设计手册中有不同蒸汽压力下的水力计算表。

选择管径和计算压力损失常采用平均比摩阻法和限制流速法。

1. 平均比摩阻法

当高压蒸汽采暖系统的起始压力已知时，为使疏水器能正常工作和留有必要的剩余压力使凝结水排入凝结水管网，在工程设计中，高压蒸汽采暖系统最不利环路的供汽管，其总压力损失不应大于起始压力的 25%。平均比摩阻可按下式确定：

$$R_{pj} = \frac{0.25\alpha P}{\sum l_i} \tag{4-8}$$

式中　R_{pj}——平均比摩阻，Pa/m；

　　　α——摩擦阻力损失占总压力损失的百分数，高压蒸汽采暖系统中取 $\alpha=0.8$；

　　　P——高压蒸汽采暖系统的起始压力，Pa；

　　　$\sum l_i$——最不利环路的总长度，m。

2. 限制流速法

如果室内高压蒸汽采暖系统的起始压力较高，在保证用热设备有足够的剩余压力的情况下，蒸汽管路可以采用较高的流速，但《民用建筑供暖通风与空气调节设计规范》(GB 50736—2012)规定，高压蒸汽采暖系统的最大允许流速应符合：汽、水同向流动时不大于 80 m/s；汽、水逆向流动时不大于 60 m/s。

在工程设计中，为保证系统正常运行，最不利环路的推荐流速值要比最大允许流速低得多。通常采用 $v=15\sim40$ m/s(小管径取低值)。确定其他支路的立管管径时，可采用较高的流速，但不得超过规定的最大允许流速。

思考与练习

1. 蒸汽作为热媒与热水作为热媒相对比，蒸汽具有哪些不同的特点?
2. 按供汽压力的大小不同，蒸汽采暖系统可分为哪三类?
3. 按蒸汽干管布置形式的不同，蒸汽采暖系统可分为哪三种?
4. 低压蒸汽采暖系统的形式包括哪些?
5. 与低压蒸汽采暖系统相比，高压蒸汽采暖系统具有哪些特点?
6. 疏水器的类型有哪些?

项目五 集中供热系统的热源

在热能供应范畴中，凡是将天然或人造的含能形态转化为符合供热系统要求参数的热能设备与装置，通称为热源。

在集中供热系统中，目前采用的热源形式有热电厂、区域锅炉房、核能、地热、工业余热和太阳能等，最广泛应用的热源形式是热电厂和区域锅炉房。

任务一 热电厂

热电厂是联合生产电能和热能的发电厂。联合生产电能和热能的方式取决于采用供热汽轮机的形式。供热汽轮机主要分为背压式汽轮机、抽汽式汽轮机。

一、背压式汽轮机

排气压力高于大气压力的供热汽轮机称为背压式汽轮机。

图 5-1(a)所示为背压式汽轮机的工作原理示意，图 5-1(b)所示为其热力循环的温-熵(T-S)图。其中：$a\sim b$ 表示过热蒸汽在汽轮机内的绝热膨胀过程；$b\sim c$ 表示排出的过热蒸汽在

热用户的凝结放热过程；$c \sim d$ 表示水在锅炉 1 中由未饱和水受热成为饱和水的定压加热过程；$d \sim e$ 表示饱和水在锅炉内的定压汽化过程；$e \sim a$ 表示饱和蒸汽在过热器 2 内定压加热成为过热蒸汽的过程。由图 5-1 中可见，蒸汽从热源吸取的热量可用 $afgcdea$ 面积表示，其中一部分转变为电能，其热量可用 $abcdea$ 面积表示，另一部分热量则供应热用户 5，可用 $bfgcb$ 面积表示。由此可见，如不考虑动力装置及管路的热损失，背压式热电联合生产的热能利用率的理论值为 100%。

背压式汽轮机的热能利用效率最高，但由于热、电负荷相互制约，它只适用于承担全年或供暖季基本热负荷的供热量。

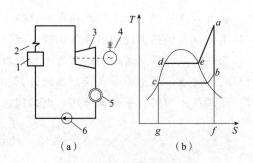

图 5-1　背压式热电循环图

(a)工作原理图；(b)T-S 图

1—锅炉；2—过热器；3—蒸汽汽轮机；4—发电机；5—热用户；6—给水泵

二、抽汽式汽轮机

从汽轮机中间抽汽对外供热的汽轮机称为抽汽式汽轮机。这种类型的机组有带一个可调节抽汽口的机组(通常称为单抽式供热汽轮机)和带高压、低压可调节抽汽口的机组(通常称为双抽式供热汽轮机)两种形式。

图 5-2 是某个具有双抽式供热汽轮机的热电厂的热力系统示意。其高压可调节的抽汽压力通常为 0.785～1.27 MPa(8～13 kg/cm² 绝对压力)，主要用来向用户供应高压蒸汽，满足生产工艺用热量。低压可调节抽汽口的抽汽压力通常为 0.118～0.245 MPa(1.2～2.5 kg/cm² 绝对压力)。抽出的蒸汽，大部分送进主加热器(基本加热器)4，用来加热网路回水。被主加热器加热的网路水，如果供水温度尚不能满足热水网路供热调节曲线图所要求的供水温度，则再送入高峰加热器 5 进一步加热到所需的温度。高峰加热器所需的蒸汽量可由高压抽汽口或直接由锅炉 1 新汽经减压加湿装置 6 直接供应。为了保证在汽轮机检修或发生故障时仍能供热，蒸汽管道上设置了备用的减压加湿装置 7。

在高峰加热器中产生的凝结水，可经过疏水器后进入主加热器，或先进入膨胀箱 8 进行二次进化，产生的蒸汽再送入主加热器的蒸汽管道，余下的凝水与主加热器的凝结水一起由凝结水泵 9 直接送入锅炉给水的除氧器 10 进行处理。

从蒸汽网路系统回来的凝结水，回到热电厂的水处理站 11。再用锅炉补给水泵 12 输送到除氧器去。

通过热水网路的补给水泵 13，将已经水处理的补给水补进热水网路，并通过设置在补水管路的压力调节器 14 来控制热水网路的压力工况。

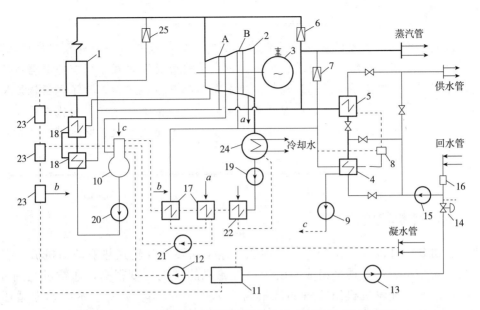

图 5-2　某个具有双抽式供热汽轮机的热电厂的热力系统示意

A—高压可调节抽汽口；B—低压可调节抽汽口

1—锅炉；2—蒸汽汽轮机；3—发电机；4—主加热器(基本加热器)；5—高峰加热器；6、7、25—减压加湿装置；
8—膨胀箱；9—凝结水泵；10—除氧器；11—水处理站；12—给水泵；13—网路补给水泵；14—网路补水压力调节器；
15—网路循环水泵；16—除污器；17—低压预热器；18—高压预热器；19—凝结水泵；20—锅炉给水泵；
21—凝结水泵；22—射流预热器；23—膨胀箱；24—冷凝器

　　由汽轮机可调节抽汽口送出的蒸汽，除一部分向外输送或通过加热器加热网路水外，通常还有一部分送入热电厂内部回热系统来加热锅炉给水。

　　由汽轮机不可调节抽汽口送出的蒸汽，用来加热锅炉给水。这种利用汽轮机抽汽加热锅炉给水的方法称为回热加热。在电厂中用来进行回热加热的全套设备称为回热系统。设置回热系统的目的在于提高电站的热效率。进入回热系统的汽轮机抽汽已在汽轮机做功发电，但它的冷凝潜热并没有被冷凝器 24 带走，而被锅炉给水带回了锅炉，因此，减少了电厂的冷源损失，提高了电厂的热效率。

　　图 5-2 所示的热力系统图中的回热系统由低压预热器 17、除氧器 10 及高压预热器 18 等组成。低压预热器与高压预热器之间的锅炉给水管路被除氧器分隔开，因而低压预热器只承受凝结水泵 19 的压力，但高压预热器却承受锅炉给水泵 20 的高压。低压预热器的凝结水通过凝结水泵 21 送进除氧器，高压预热器的凝水压力高于除氧器的压力，凝结水自流进入除氧器。

　　图 5-2 中还设有射流预热器 22。它由汽射气泵(图中未画出)及表面式加热器组成。汽射气泵的作用是利用高压蒸汽抽引汽轮机冷凝器中的气体，使其保持真空(4～6 kPa)。由汽射气泵中排出的混合气体送入表面式加热器预热锅炉给水后，蒸汽冷凝，空气则排入大气。

　　为了充分利用锅炉排污水的热能，如图 5-2 所示，锅炉排污水在膨胀箱 23 中进行二次蒸发，将其二次蒸汽送入回热系统中加以利用。

抽汽式汽轮机的最大优点是抽汽量的多少在一定的范围内不影响额定发电功率，即热、电负荷不相互制约，因而运行灵活。但由于热力循环过程中仍有冷凝器的冷源损失，热能利用效率低于背压式汽轮机。特别是当抽气量减少时，为了保证额定发电功率，进入冷凝器的汽量增多，冷源损失增加，而且，由于抽汽式汽轮机增设了节流机构以调节抽汽量，汽轮机内的相对内效率降低，甚至比同参数、同容量的纯凝汽式机组的相对内效率低。

三、燃气轮机热电联产

燃气轮机是一种以气体作为工质、内燃、连续回转的叶轮式热能动力机械。它主要由压气机、燃烧室、燃气透平组成。由于燃气轮机的排气温度很高，通常可达到 $450\sim600\,℃$，且大型燃气轮机机组排汽的流量高达 $100\sim600\,\mathrm{kg/s}$。对于蒸汽动力循环而言（朗肯循环），由于材料的耐温及耐压条件的限制，汽轮机的进汽温度一般为 $540\sim560\,℃$。燃气轮机的排汽温度正好与朗肯循环的最高温度相近，将两者结合，完成燃气—蒸汽联合循环，能有效降低燃气轮机的排汽温度，使能源在系统中从高品位到低品位被逐级利用。

大型燃气—蒸汽联合循环主要有以下四种配置方案：方案一(图 5-3)是"一拖一"单轴燃气—蒸汽联合循环机组，即燃气轮机 1 和蒸汽轮机同轴，并共用一台发电机，每台燃气轮机配置一台余热锅炉 2 和一台蒸汽轮机。方案二(图 5-4)是"一拖一"双轴燃气—蒸汽联合循环机组，即燃气轮机 1 和蒸汽轮机不同轴，并分别配置一台发电机 5，每台燃气轮机 1 配置一台余热锅炉 2 和一台蒸汽轮机。方案三(图 5-5)是"二拖一"多轴燃气—蒸汽联合循环机组，即二台燃气轮机 1 分别配置一台余热锅炉 2 和一台发电机 5。两台燃气轮机共同配置一台蒸汽轮机及其发电机。方案四是在"二拖一"多轴燃气—蒸汽联合循环机组的基础上增加 SSS 离合暴。通过离合器的啮合和分离，"二拖一"多轴燃气—蒸汽联合循环机组可以在纯凝工况、背压工况及抽凝工况下运行。四种配置方案各有优缺点，随着技术的进步，初投资、占地面积，以及技术成熟度、安全性都在发生变化。

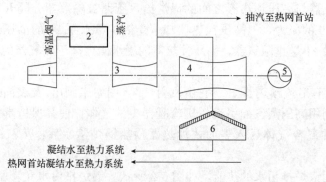

图 5-3 "一拖一"单轴燃气—蒸汽联合循环机组热电联产原理图

1—燃气轮机；2—余热锅炉；3—蒸汽轮机高中压缸；4—蒸汽轮机低压缸；5—发电机；6—冷凝器

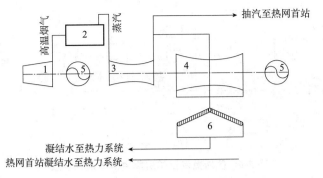

图 5-4　"一拖一"双轴燃气—蒸汽联合循环机组热电联产供热原理图

1—燃气轮机；2—余热锅炉；3—蒸汽轮机高中压缸；4—蒸汽轮机低压缸；5—发电机；6—冷凝器

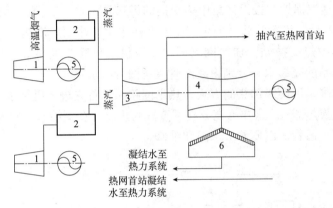

图 5-5　"二拖一"多轴燃气—蒸汽联合循环机组热电联产供热原理图

1—燃气轮机；2—余热锅炉；3—蒸汽轮机高中压缸；4—蒸汽轮机低压缸；5—发电机；6—冷凝器

任务二　区域锅炉房

区域锅炉房是城镇集中供应热能的热源。根据其制备热媒的种类不同，分为蒸汽锅炉房和热水锅炉房。根据生产热媒所需燃料不同可分为燃煤锅炉房、燃油（燃气）锅炉房、电锅炉房及秸秆等生物质能锅炉房。

一、蒸汽锅炉房

图 5-6 所示为只向外供应蒸汽的区域蒸汽锅炉房集中供热系统的示意。

由蒸汽锅炉 1 产生的蒸汽，通过蒸汽干管 2 输送到各热用户，如供暖、通风、热水供应和生产工艺系统等。各室内用热系统的凝结水经过疏水器 3 和凝水干管 4 返回锅炉房的凝结水箱 5，再由锅炉给水泵 6 将给水送进锅炉房重新加热。蒸汽锅炉房生产的蒸汽，沿蒸汽网路输送到各用户去，满足生产工艺、热水供应、供暖及通风等不同用途热用户的需要，凝结水沿凝水管道送回锅炉房。

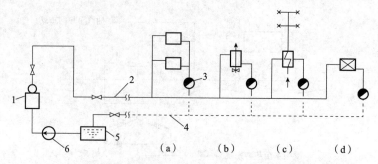

图 5-6　区域蒸汽锅炉房集中供热系统示意

(a)~(d)—室内供暖、通风、热水供应和生产工艺用热系统

1—蒸汽锅炉；2—蒸汽干管；3—疏水器；4—凝水干管；5—凝结水箱；6—锅炉给水泵

图 5-7 所示为蒸汽锅炉房按设计集中热交换的供热系统示意。蒸汽锅炉 1 产生的蒸汽，先进入分汽缸 2，然后，沿蒸汽管道向生产工艺及热水供应热用户供热。一部分蒸汽通过减压阀 3 后，进入集中热交换站，加热网路回水，以供应供暖、通风等热用户所需的热量。蒸汽系统及热交换站的凝结水，分别由凝水管道送回凝结水箱 4。

集中热交换站多采用两级加热的方式。热水网路回水首先进入凝结水冷却器 6，初步加热后送进蒸汽—水换热器 5。这样可充分利用蒸汽的热能。在凝结水冷却器和蒸汽—水换热器的管道上均装设旁通管，以便调节水温和维修。

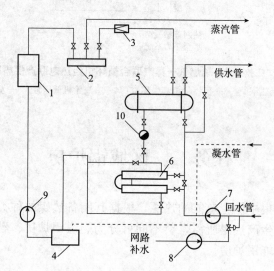

图 5-7　蒸汽锅炉房按设计集中热交换的供热系统示意

1—蒸汽锅炉；2—分汽缸；3—减压阀；4—凝结水箱；5—蒸汽—水换热器；6—凝结水冷却器；

7—热水网路循环水泵；8—热水网路补给水泵；9—锅炉给水泵；10—疏水器

📖 **知识链接**

采用集中热交换站的热源形式，主要有如下优点：

(1)利用热水采暖代替蒸汽采暖，如前所述，系统的热能利用率高，节约能源。

（2）凝结水回收率高，水质易于保证，因而能较大地减少水处理设施的投资和运行费用。

（3）热交换站设在锅炉房内或附近，管理方便，运行也安全可靠。

它的主要缺点如下：

（1）建筑及设备的投资较大。

（2）与利用热水过滤直接制备热水的形式相比，蒸汽锅炉需要定期和连续排污，热损失较大。

二、热水锅炉房

在区域锅炉房内装设热水锅炉及其附属设备直接制备热水的集中供热系统近年来在国内有较大的发展。它多用于城市区域或街区的供暖，或用于工矿企业等热负荷较大场合的供暖通风。

热水锅炉房集中供热系统的定压方式主要有下列几种。

1. 补给水泵定压方式

补给水泵连续补水定压是最常用的定压方式，如图 5-8 所示。

热水供热系统由热源处的热水锅炉、外网供回水管及热用户构成一个封闭的热水循环系统，网路循环水泵 13 驱使网路水循环流动。热水供热系统的定压装置是由补给水箱 12、补给水泵 11 及补水压力调节器 10 等组成的。当系统正常运行时，通过压力调节器的作用，使补给水泵连续补给的水量与系统的泄漏水量相当，从而维持系统动水压曲线的位置。当系统循环水泵停止工作时，同样用来维持系统所必需的静水压曲线位置。由于定压点位置连接在回水总管循环水泵入口处，水压图的静水压曲线总低于其动水压曲线的位置。

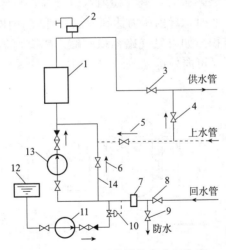

图 5-8　补给水泵连续补水定压方式

1—热水锅炉；2—集气罐；3—供水管总阀门；4、5、6—止回阀；7—除污器；8—回水管总阀门；9—放水阀；
10—补水压力调节器；11—补给水泵；12—补给水箱；13—网路循环水泵；14—旁通泄压阀

区域锅炉房的电力供应不如热电厂安全可靠，在电力供应紧张的地区常会突然停电。此时，循环水泵及补给水泵停止运行，因而需要考虑防止系统汽化及出现水击(水锤)的措施。

当突然停电，补给水泵和循环水泵停止工作时，通常可采取一些措施防止系统出现汽化现象。此时，将回水管总阀门 8 关闭，缓慢开启锅炉顶部集气罐 2 上的放气阀排汽，也可以缓慢开启放水阀 9，使系统放水。随着锅炉压力下降，上水经止回阀 5 流进热水锅炉，从而缓解由于炉膛余热引起的炉水汽化。如上水压力高于系统静水压曲线所要求的压力，还可以通过带止回阀 4 的管道，利用上水压力对外网和用户定压。

特 别 提 醒

防止汽化最有效的措施是安装由内燃机带动的备用循环水泵和补给水泵，或设置备用电源。大型高温水供热系统中通常应用该方法。

当循环水泵停止运行时，由于管道中的流体流动突然受阻，流体的动能转变为压力能，循环水泵入口的回水压力急剧增高，产生水击现象。强烈的水击波通过回水管迅速传给热用户，甚至会使承压能力较低的散热器破裂。水击力的大小与系统中循环水的水容量和流速的大小及循环水泵停止转动的时间长短有关。系统中循环水的水容量或流速越大，以及循环水泵停止转动时间越短，则水击力越大。

2. 惰性气体(氮气)定压方式

气体定压所用的气体是惰性气体(氮气)。图 5-9 所示为热水锅炉房供热系统采用氮气定压(变压式)的原则性系统图。

网路回水经除污器 9 除去水中杂质后，通过网路循环水泵 10 加压进入热水锅炉 6，被加热后进入热网供水管。系统的压力状况靠连接在循环水泵进口侧(也可连接在出口侧)的氮气罐 5 的氮气压力来控制。氮气从氮气瓶 1 经减压后进入氮气罐 5 内，并充满氮气罐最低水位 I—I 以上的空间，保持 I—I 水位时的压力 P_1 一定。

当热水供热系统内水受热膨胀时，氮气罐内水位升高，气体空间减小，压力增高；当水位升高到正常高水位 II—II 时，罐内压力达到 P_2。P_1 和 P_2 由网路水压图的分析确定，同时，也用来确定氮气罐的容积。如果氮气罐容积不够，P_2 有可能超过规定值，因而，在氮气罐顶设置安全阀，当超压时可向外排气。

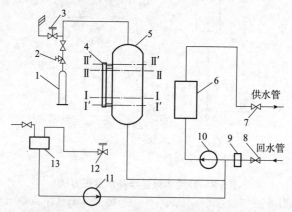

图 5-9　氮气定压方式的原则性系统图

1—氮气瓶；2—减压阀；3—排气阀；4—水位控制器；5—氮气罐；6—热水锅炉；7、8—供、回水管总阀门；
9—除污器；10—网路循环水泵；11—补给水泵；12—排水阀的电磁阀；13—补给水箱

在氮气罐上装有水位控制器 4，其自动控制补给水泵 11 的启闭，当系统漏水或冷却时，氮气罐水位降低到Ⅰ—Ⅰ，补给水泵启动补水，罐内水位升高，当达到Ⅱ—Ⅱ水位时，补给水泵停止工作。因罐内气体溶解和漏失，当水位降到Ⅰ—Ⅰ附近时，罐内氮气压力将低于规定值 P_1，氮气瓶向罐内补气，保持 P_1 压力。

为了防止氮气罐出现不正常水位，设高水位Ⅱ'—Ⅱ'警报（高于Ⅱ—Ⅱ水位）和低水位Ⅰ'—Ⅰ'警报（低于Ⅰ—Ⅰ水位）。

特别提醒

氮气定压热水供热系统运行安全可靠，由于氮气罐内的压力随系统的水温升高而增加，同时，罐内气体起着缓冲压力传播的作用，因而能较好地防止系统出现汽化及水击现象；但它需要消耗氮气，设备较复杂，罐体体积也较大。这种定压方式目前主要用于供水温度较高的热水供热系统中。

知识链接

在供暖系统中，水作为热媒与蒸汽作为热媒相比，具有如下优点：

（1）热水的热能利用效率高，因没有凝结水和蒸汽泄漏以及二次蒸发损失，热效率比蒸汽系统高，可节省燃料。

（2）供暖系统以水作热媒，可采用质调节的运行调节方法，既节约热量又能满足卫生要求。

（3）热水供热系统可以远距离输送，供热半径大，一般控制在 20 km 范围内，而蒸汽供热系统的供热半径一般控制在 8 km 以内。

（4）热水供热系统由于水容量大，水的比热大，蓄热能力高，供热工况较稳定。

（5）如热电厂作为热源，可以充分利用汽轮机低压蒸汽，提高其经济效益。

在供热系统中，蒸汽作为热媒与热水作为热媒相比，具有如下优点：

（1）供热系统以蒸汽作为热媒，适用范围广，可以满足各种不同性质热用户的要求。

（2）换热器以蒸汽作为热媒，因其热量高，传热系数大，可以减少换热器的换热面积。

（3）蒸汽密度小，不受地形高差影响，特别适合于大高差供热系统，可有效降低管网系统的工作压力。

（4）以蒸汽作为热媒的供热系统，其凝结水量小，回送凝结水耗电少。

近年来也在研究以高温热水为热媒，利用高温水能远距离输送的特点，在用户处扩容蒸发为饱和蒸汽供生产工艺用汽。该项技术投资较大，用户有特殊的卫生要求，远离污染源或经济上合理才可选用。

三、燃气、燃气锅炉及其锅炉房

由于我国经济建设的发展、部分地区能源结构的转变，以及人们对环保的要求越来越高，燃油燃气锅炉进入了新的发展时期。

燃油锅炉常用的燃料油有柴油与重油两大类。柴油一般用于中小型锅炉房，重油常用作热电厂锅炉的燃料。

柴油按其馏分与用途可分为轻柴油和重柴油两种。柴油按其凝固点进行编号，在使用与运输过程中必须高于凝固点3～5 ℃。否则，在凝固点前柴油将析出石蜡结晶，会阻塞油料供应系统，降低供油量，甚至会中断供油。例如，−20 号轻质柴油的凝固点为−20 ℃，适用于最低气温为−14～−5 ℃的地区。在室外温度较低的地区使用凝固点高的柴油必须做好油料的供应系统与存储系统的防凝工作，确保油路的畅通。

燃气锅炉所用的燃料按燃气的获取方式可分为天然气体燃料与人工气体燃料。天然气体燃料是指从自然界直接开采收集得到的、不需加工即可投入使用的气体燃料，主要有气田气、油田气和煤田气。人工气体燃料是以煤、石油产品或各种有机物为原料，经过各种加工方法而得到的气体燃料，主要有各种煤气、液化石油气、油制气和沼气。

气体燃料的组分变化范围大：不同种类的天然气体燃料与人工气体燃料由于气源（气田气、油田气）的产地和生成的有机质、地质环境等不同或制气所使用的原料（煤或石油）不同，它们的成分和特性相差很大。因此，设计燃气锅炉、选择燃烧设备时应尽可能地收集有关气源的详细资料作为设计依据，认真分析核对。

四、电锅炉及其锅炉房

电锅炉是将电能转化为热能并将热能传递给介质的热能装置。将电能转化为热能通常有电阻式、电磁感应式及电极式三种方式，生活中常见的有电阻式、电极式。电阻式电锅炉的电热原理结构如图 5-10 所示。电阻丝放于金属套管中，套管中充满氧化镁绝缘层；电流经过电阻，热量源源不断地产生，介质必须将热量同时带走，维持热的平衡，否则电阻的温度将升高，电阻将被烧坏。

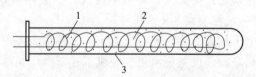

图 5-10　电阻式电锅炉的电热原理结构

1—电阻丝；2—氧化镁；3—金属套管

电极式电锅炉是利用水的高热阻特性，直接将电能转换为热能的一种装置。其工作原理：在电极锅炉水中加入一定量的特殊的电解质溶液，使介质水具备导电性。在锅炉介质水内浸没两块电极板，通过水构成回路，把水加热成高温水。因电极式电锅炉的热功率与电压的平方成正比关系（$P=U^2/R$）。相同容量的锅炉，电压不一样，其热功率也不一样，所以，电极式电锅炉常为高压电极锅炉，减少了变压系统投资及变压器损耗。锅炉无电热元件，系统最高温度等于水温，锅炉缺水时原理性断电，安全可靠。

特 别 提 醒

> 电锅炉以电作为供热的能源，直接将电转化为热能的过程中不产生任何废气、废渣。与传统的燃煤锅炉房相比，电锅炉无煤场、灰场，无上煤除渣设备，无鼓引风、除尘设备。与燃油燃气锅炉房相比，电锅炉的安全性更高，自动化程度高，节约人力、物力。电锅炉安全、环保、无噪声，热效率一般可达 95% 以上，热负荷调节能力强。

五、可再生能源供热

(一)地热水供热

地热通常是指陆地地表以下 5 000 m 深度内的热能。图 5-11 所示为地热水间接利用系统示意图。抽水泵 2 从地热井 1 中抽出的地热水,通过表面式换热器 3 将供暖系统的回水加热,图中增设了高峰热源 4(如热水锅炉),将供暖系统的供水进一步加热,地热水在表面式换热器放出热量后再返回回灌井 9。设置回灌井的优点是回灌水能保持地下含水层水位不能下降。

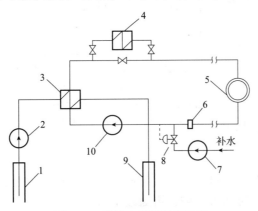

图 5-11 地热水间接利用示意

1—地热井;2—抽水泵;3—表面式换热器;4—高峰热源;5—供暖热用户;6—除污器;7—补给水泵;
8—补水压力调节器;9—回灌井;10—供暖系统循环水泵

间接利用地热供热方式的主要优点是不会造成水资源的浪费,表面式换热器后面的用热系统的管道和设备不受腐蚀和沉积,从而可延长使用寿命和减少维修费用;缺点是系统复杂,基建投资较高。

(二)热泵供热

热泵是一种利用高位能使热源流向高位热源的节能装置。

热泵的工作原理十分简单,就是从低温热源吸取热量再向高温热源排放,并在此过程中消耗一定的有用能,从而利用其排放的热量向所需对象供热。其工作原理如图 5-12 所示。根据供热时所采用的低品位热源分类,热泵可分为空气源热泵、水源热泵和地源热泵。根据热泵的工作原理可将其分为机械式热泵、吸收式热泵和化学式热泵。

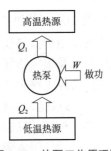

图 5-12 热泵工作原理图

1. 空气源热泵

空气源热泵是以空气作为低温热源来进行供热的装置。以环境空气作为低品位热源,取之不尽,用之不竭。空气源热泵安装灵活,使用方便,初投资相对较低,且比较适用于分户安装,目前我国室内空调器大多采用这种形式。

2. 水源热泵

水源热泵技术是利用地球表面浅层水中的热能作为低位热能资源,并采用热泵原理,通过少量的高位电能输入,实现低位热能向高位热能转移的一种技术。水源热泵的工作过程如图 5-13 所示，工质 1 表示水源水，工质 3 表示循环水，工质 2 表示热泵中的介质，介质种类根据压缩机 4 的具体要求而定。工质 1 流经热泵时，与蒸发器 3 中的工质 2 进行热交换，工质 2 吸收热量而蒸发，变为低压蒸汽，经压缩机提高压力和温度后，进入冷凝器 1 凝结成液体并向工质 3 放出热量，供建筑物取暖所需，工质 2 从冷凝器的高压下膨胀而进入蒸发器，再开始新的工作循环。

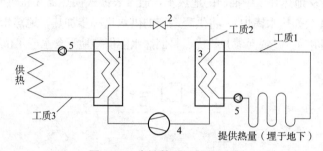

图 5-13　水源热泵工作原理图

1—冷凝器；2—膨胀阀；3—蒸发器；4—压缩机；5—循环泵

3. 地源热泵

地源热泵系统示意如图 5-14 所示。夏季制冷时，压缩机耗能通过埋地盘管排入大地中，再通过土壤的导热和土壤中水分的迁移把热量扩散出去。冬季供热时，大地作为热泵机组的低温热源，通过埋地盘管获取土壤中的热量为室内供热。两个换热器都可作冷凝器又可作蒸发器，只是因季节不同而功能不同。它们之间功能的转换由图中的四通阀门（换向阀）控制。可以看到，在地源热泵系统中，由于冬季大地损失的热量可在夏季得到补偿，因而可使大地热量基本平衡。

大地作为排热场所，把室内热量以及

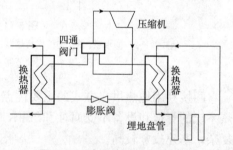

图 5-14　地源热泵工作原理图

4. 生物质燃料供热

生物质燃料供热技术使用可再生能源如木屑、草类、垃圾处理残留物和农作物肥料处理残留物以及植物秸秆、玉米芯、稻壳、锯末等作为燃料。利用生物质燃料供热具有很大的发展潜力。生物质能源的利用方式有直接燃烧和生物质气化技术两种。

(1)直接燃烧。直接燃烧技术包括生物质压块技术及流化床燃烧技术。它与一般的燃烧煤技术基本相同，只需对原料进行简单处理，不需要原料处理系统，所以减少了项目投资。直接燃烧产生的固体颗粒对人体有害，且燃烧效率较低。

(2)生物质气化技术。生物质的气化一般是指将生物质部分燃烧，在中温或高温下气化生成燃料气、合成气和不活泼残留物。经处理的生物质原料，由进料系统送进气化炉内。由于有限地提供氧气，生物质在气化炉内不完全燃烧，发生气化反应，生成可燃气体——气化气。生物质挥发组分高，挥发性高，硫和灰的含量低，这些特性使其成为气化理想的原料。所以，生物质气化的压力条件和温度都不需很高，一般温度在 800～850 ℃，以空气作为氧化剂。气化炉是生物质气化的主要设备，在这里，生物质经燃烧、气化转化为可燃气。气化炉分固定床气化炉、流化床气化炉及携带床气化炉。

5. 太阳能供热

太阳能资源不仅包括直接投射到地球表面上的太阳辐射能，还包括水能、风能、海洋能、潮汐能等间接的太阳能资源。太阳能供热的方式可分为直接利用与间接利用两种方式。

（1）直接利用。主动式太阳能供热系统如图5-15所示，系统由太阳能集热器1、蓄热装置2、用热设备、辅助热源及相关的辅助设备与阀门9～14组成。

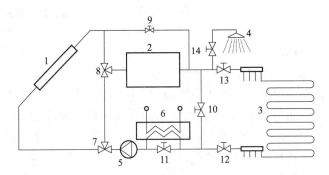

图5-15　主动式太阳能供热系统

1—太阳能集热器；2—蓄热装置；3—室内采暖系统；4—室内生活热水设备；5—循环泵；
6—辅助加热装置；7、8—三通阀；9～14—阀门

通过太阳能集热器收集的太阳辐射能，沿管道可送入室内用于采暖与供应生活热水，剩余部分可储存于蓄热装置2中，当太阳能集热器提供的热量不足时可取出使用，再不足时可采用辅助加热装置6进行补充。

（2）间接利用。被动式太阳能供热系统通过集热蓄热墙、附加温室、蓄热屋面等向室内供暖（热）。被动式太阳能采暖的特点是不需要专门的太阳能集热器、辅助加热器、换热器、泵等主动式太阳能系统所必需的设备，而是通过建筑的朝向与周围环境的合理布局，内部空间与外部形体的巧妙处理，以及建筑材料和结构构造的恰当选择，使建筑在冬季充分地收集、存储与分配太阳辐射能，从而使建筑室内维持一定温度，达到采暖的目的。

单纯利用太阳能集热器供热在目前的技术条件下是毫无问题的，但受经济条件制约，目前尚无法实现。夏季利用太阳能向地源、水源蓄热（取出的冷量用于房间空调），作为冬季采暖的热源，并通过热泵的原理，可大大节约电能的消耗。

任务三　热力站

根据热网输送的热媒不同，热力站可分为热水供热热力站和蒸汽供热热力站；根据服务对象的不同，热力站可分为民用热力站和工业热力站；根据热力站的位置和功能的不同，热力站可分为用户热力站（点）、小区热力站（集中热力站）、区域性热力站。

集中供热系统的热力站方法

集中供热系统的热力站

一、民用热力站

民用热力站的服务对象是民用用热单位（民用建筑及公共建筑），多属于热水供热热力站。

1. 用户热力站

用户热力站又称用户引入口，设置在单幢民用建筑及公共建筑的地沟入口或该用户的地下室或底层处，向该用户或相邻几个用户分配热能。图 5-16 所示是用户引入口示意。用户引入口供回水总管进出口处设置截断阀门、压力表 1 和温度计 5，同时根据用户供热质量的要求，设置手动调节阀 4 或流量调节器，以便对用户进行供热调节。用户进水管上应安装除污器 3，以免污垢杂物进入局部供暖系统。如果引入用户支线较长，宜在用户供水、回水总管阀门 2 前设置旁通管。

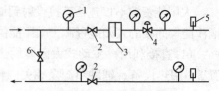

图 5-16 用户引入口示意

1—压力表；2—用户供水、回水总管阀门；
3—除污器；4—手动调节阀；5—温度计；
6—旁通管阀门

用户引入口要求有足够的操作和检修空间，净高一般不小于 2 m，各设备之间检修、操作通道不应小于 0.7 m。对于位置较高而需经常操作的入口装置，应设操作平台、扶梯和防护栏等设施，应有良好的照明、通风设施，还应考虑设置集水坑或其他排水设施。

用户引入口的主要作用：为用户分配、转换和调节供热量，以达到设计要求；监测并控制进入用户的热媒参数；计量、统计热媒流量和用热量。因此，用户引入口是按局部系统需要进行热量分配、转换、调节、控制、计量的枢纽。

2. 小区热力站

小区热力站通常又称集中热力站，多设在单独的建筑物内，向多栋房屋或建筑小区分配热能。集中热力站比用户引入口装置更完善，设备更复杂，功能更齐全。

热水供热小区热力站示意如图 5-17 所示。热水供应用户 a 与热水网路通过水—水换热器 4 进行热交换，其连接形式是间接连接。用户的回水和城市上水一起进入水—水换热器被外网水加热，用户供水靠热水供应循环水泵 6 形成循环，用户供水与热网水完全隔开。使用温度调节器 5 依据用户的供水温度要求调节进入循环环路的水量，并通过设置在用户上水管的上水流量计 8 统计热水供应用户的用水量。热水供应用户 b 与热水网路采用直接连接形式。在热力站内设置供暖系统混合水泵 9，热网供水抽引供暖系统的回水进入供暖系统供水管路送入用户。

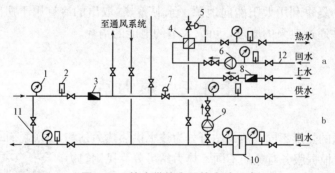

图 5-17 热水供热小区热力站示意

1—压力表；2—温度计；3—热网流量计；4—水—水换热器；5—温度调节器；6—热水供应循环水泵；
7—手动调节阀；8—上水流量计；9—供暖系统混合水泵；10—除污器；11—旁通管；12—热水供应循环管路

民用小区热力站的最佳供热规模取决于热力站与网路总基建费用和运行费用，应通过技术、经济比较确定。一般来说，对新建居住小区，每个小区设一座热力站，供热规模以 5 万~15 万 m² 建筑面积为宜。

二、工业热力站

工业热力站的服务对象是工厂企业用热单位。工业热力站多为蒸汽供热热力站。图5-18所示为一个具有多类热负荷的工业蒸汽热力站示意。

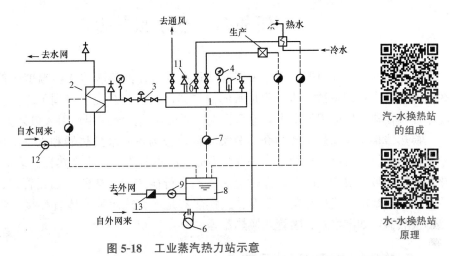

图 5-18　工业蒸汽热力站示意

1—分汽缸；2—汽—水换热器；3—减压阀；4—压力表；5—温度计；6—蒸汽流量计；7—疏水器；

8—凝结水箱；9—凝结水泵；10—调节阀；11—安全阀；12—循环水泵；13—凝结水流量计

热水供暖系统多采用汽—水换热器，将热水供暖系统的循环水加热。

工业热力站应设置必需的热工仪表，应在分汽缸1上设置压力表4、温度计5和安全阀11；供汽管道减压阀3后应设压力表和安全阀；凝结水箱8内设液位计或设置与凝结水泵9联动的液位自动控制装置；换热器上设置压力表、温度计。为了计量，在外网蒸汽入口处设置蒸汽流量计6和在凝结水接外网的出口设置凝结水流量计13等。

三、供热首站

供热首站是以热电厂为热源，一般以电厂汽轮机发电的乏汽或抽汽为热源，建在热电厂出口，向整个集中供热一级网提供高参数热水热媒的集中热力交换站。如图5-19所示，供热首站热力系统中，相当于热水锅炉房中的锅炉由管壳式汽—水换热器4与板式水—水换

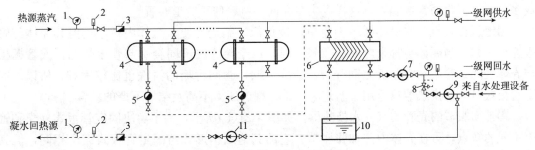

图 5-19　蒸汽首站热力系统示意

1—压力表；2—温度计；3—流量计；4—管壳式汽—水换热器；5—疏水器；6—板式水—水换热器；7—循环水泵；

8—补给水压力调节器；9—补给水泵；10—凝结水箱；11—凝结水泵

热器 6 替代，根据实际需要制备高参数热水热媒，其他设备均与高温热水锅炉房相同，它克服蒸汽热媒在输送距离上的限制，可以进行长途输送。凝结水可以全部回收至热源或一部分作为一级网补水使用，剩余部分可再回收至热源，除氧后可供电厂锅炉循环使用。

任务四　热水换热器

换热器又称水加热器，是用来把温度较高的流体的热能传递给温度较低的流体的一种热交换设备。特别是被加热介质是水的换热器，在供热系统中得到了广泛应用。换热器可集中设置在热电厂或锅炉房中，也可根据需要设在热力站或用户引入口处。

换热器根据参与热交换的介质分类不同，分为汽—水换热器和水—水换热器；换热器根据换热器热交换（传热）的方式，分为表面式换热器和混合式换热器。表面式换热器是冷、热两种流体被金属表面隔开，通过金属表面进行换热的换热器，如壳管式、套管式、容积式、板式、螺旋板式换热器等。混合式换热器是冷、热两种流体直接接触进行混合实现换热的换热器，如淋水式、喷管式换热器等。

一、常用换热器的形式及特点

1. 壳管式换热器

（1）壳管式汽—水换热器。壳管式汽—水换热器工作原理如图 5-20 所示。其主要有下列几种形式。

①固定管板式汽—水换热器。如图 5-21(a)所示，固定管板式汽—水换热器主要由以下几部分组成：带有蒸汽进出口连接短管的圆形外壳 1，由小直径管子组成的管束 2，固定管束的管栅板 3，带有被加热水进出口连接短管的前水室 4 及后水室

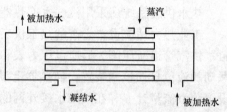

图 5-20　壳管式汽—水换热器工作原理

5。蒸汽在管束的外表面流过，被加热水在管束的小管内流过，通过管束的壁面进行热交换。管束通常采用铜管、黄铜管或锅炉碳素钢钢管，少数采用不锈钢钢管。钢管承压能力高，但易腐蚀，铜管、黄铜管导热性能好，耐腐蚀，但造价高。超过 140 ℃的高温热水换热器最好采用钢管。为了强化传热，通常在前水室、后水室中间加隔板，使水由单流程变成多流程，流程通常取偶数，这样进出口在同一侧，便于管道布置。

固定管板式汽—水换热器结构简单，造价低，制造方便，壳体内径小。但其壳体与管板连在一起，当壳体与管束之间温差较大时，由于热膨胀不同会引起管子弯曲，或管栅板与壳体之间、管束与管栅板之间开裂，造成泄漏，管间污垢的清洗也比较困难，所以，固定管板式汽—水换热器只适用于温差小、单行程、压力不高及结构不严的场合。

②带膨胀节的壳管式汽—水换热器。如图 5-21(b)所示，为了解决固定管板式外壳和管束不同的缺点，可在壳体中部加膨胀节。它的其他结构形式与固定管板式完全相同，但其制造要复杂些。

③U 形管壳管式汽—水换热器。如图 5-21(c)所示，将换热器换热管弯成 U 形，两端固定在同一管板上。这样每个换热管都可以自由地伸缩，解决热膨胀问题，同时管束可以随

时从壳体中整体抽出进行清洗。但其管内无法用机械方法清洗，管束中心部位的管子拆卸不方便，管栅板3上固定的管束根数少，单位容量及单位重量的传热量低。U形管壳管式汽—水换热器多用于温差大、管束内流体较干净、不易结垢的场合。

④浮头壳管式汽—水换热器。如图5-21(d)所示，该类换热器一端的管板与壳体固定，而另一端的管板可以在壳体内自由浮动。不相连的一头称为浮头。浮头通常封闭在壳体内，可以自由膨胀，即使两介质温差较大，管束和壳体之间也不产生温差应力。浮头端可拆卸，便于检修和清洗，但其结构较复杂。

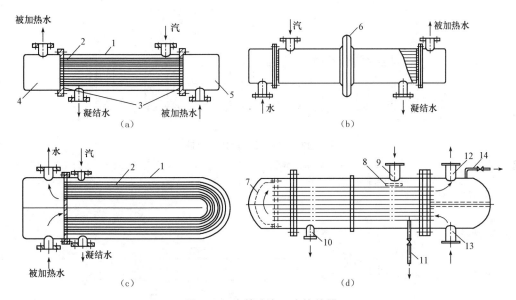

图5-21　壳管式汽—水换热器

(a)固定管板式汽—水换热器；(b)带膨胀节的壳管式汽—水换热器；
(c)U形管壳管式汽—水换热器；(d)浮头壳管式汽—水换热器

1—外壳；2—管束；3—管栅板；4—前水室；5—后水室；6—膨胀节；7—浮头；8—挡板；9—蒸汽入口；
10—凝结水出口；11—汽侧排气管；12—被加热水出口；13—被加热水入口；14—水侧排气管

⑤波节管壳管式换热器。如图5-22所示，波节管壳管式换热器采用薄壁不锈钢波节管管束代替传统的等直径管束，作为壳管式换热器的受热面。由于采用了波节管管束，强化了传热，传热系数明显增高；波节管管束内径较大，水侧的流动压力损失降低。同时，靠波节管管束补偿热伸长，可以采用固定管板的简单结构形式。

(2)分段式水—水换热器。采用高温水作热媒时，为提高热交换强度，常常需要使冷、热水尽可能采用逆流方式，并提高水的流速，为此常采用分段式或套管式水—水换热器。分段式水—水换热器的构造示意如图5-23所示。分段式水—水换热器是将壳管式的整个管束分成若干段，将各段用法兰连接起来，每段采用固定管板，外壳上有波形膨胀节，以补偿管子的热膨胀。为了便于清除水垢，被加热水(水温较低)在管内流动，而加热用热水(水温较高)在管外流动，且两种流体逆向流动，传热效果较好。

(3)套管式水—水换热器。套管式水—水换热器是用标准钢管组成套管组焊接而成的，结构简单，传热效率高，但占地面积大。与分段式水—水换热器一样，为提高传热效果，换热流体逆向流动。套管式水—水换热器的构造示意如图5-24所示。

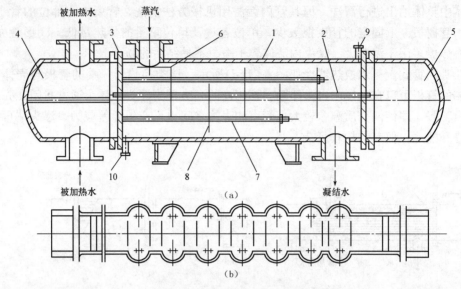

图 5-22　波节管壳管式换热器

(a)结构示意；(b)波节管示意

1—外壳；2—波节管；3—管板；4—前水室；5—后水室；6—挡板；7—拉杆；8—折流板；
9—排气口；10—排液口

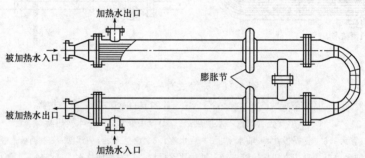

图 5-23　分段式水—水换热器的构造示意

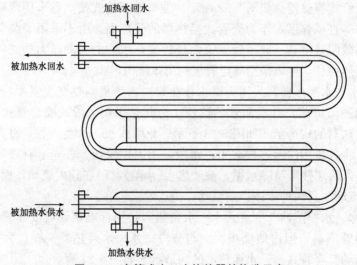

图 5-24　套管式水—水换热器的构造示意

2. 容积式换热器

容积式换热器分为容积式汽—水换热器和容积式水—水换热器。图 5-25 所示为容积式汽—水换热器的构造示意。这种换热器兼起储水箱的作用，外壳大小应根据储水的容量确定。换热器中 U 形弯管管束并联在一起，蒸汽或加热水在管内流动。

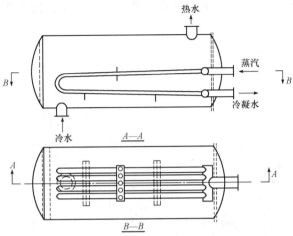

图 5-25　容积式汽—水换热器的构造示意

容积式换热器易于清除水垢，主要用于热水供应系统，但其传热系数比壳管式换热器低。

3. 板式换热器

板式换热器是一种新型热交换器，它质量轻、体积小，传热效率高，拆卸容易。如图 5-26 所示，板式换热器主要由传热板片 1、固定盖板 2、活动盖板 3、定位螺栓 4、压紧螺栓 5 组成。板与板之间用垫片进行密封，盖板上设有冷、热媒进、出口短管。

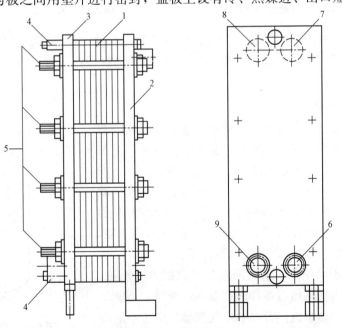

板式换热器动画

图 5-26　板式换热器
1—传热板片；2—固定盖板；3—活动盖板；4—定位螺栓；5—压紧螺栓；
6—被加热水进口；7—被加热水出口；8—加热水进口；9—加热水出口

板式换热器由许多平行排列的传热板片叠加而成，这些板片之间用密封垫密封，冷、热水在板片之间的间隙里流动。传热板片的结构形式有很多种。目前我国生产的主要是人字形传热板片，它是一种典型的"网状板"板片，如图5-27所示。在安装板式换热器时，应注意水流方向要与人字纹路的方向一致，板片两侧的冷水、热水应逆向流动。

板片之间密封垫形式如图5-28所示。密封垫的作用是不仅把流体密封在换热器内，而且使加热流体与被加热流体分隔开，不相互混合。改变密封垫的左右位置，可以使加热流体与被加热流体在换热器中交替通过人字形传热板片，通过信号孔可检查内部是否密封。当密封不好而有渗漏时，信号孔就会有流体流出。

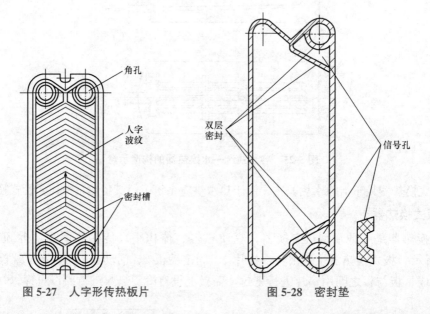

图 5-27 人字形传热板片   图 5-28 密封垫

板式换热器传热系数高，结构紧凑，适应性好，拆洗方便，节省材料，但板片间流通截面窄，如果水质不好，形成的水垢或沉积物容易堵塞；如果密封垫片耐温性能差，容易渗漏和影响使用寿命。

4. 淋水式换热器

淋水式换热器是由壳体和带有筛孔的淋水板组成的圆柱形罐体，如图5-29所示。蒸汽从换热器上部进入，被加热水也从上部进入，为了增加水和蒸汽的接触面积，在加热器内安装了若干级淋水盘，水通过淋水盘上的细孔分散地落下和蒸汽进行热交换，加热器的下部用贮存系统加热的膨胀水。淋水式加热器可以替代热水供暖系统中的膨胀水箱，还可以利用壳体内的蒸汽压力对系统进行定压。

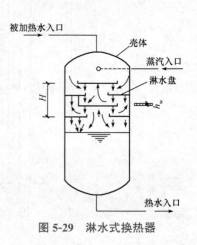

图 5-29 淋水式换热器

淋水式加热器采用汽、水之间直接接触的方式换热，换热效率高。但由于采用直接接触式换热，凝结水不能回收，增加了集中供热系统热源处的水处理量。由于不断凝结的凝结水使加热器水位升高，通常设水位调节器控制循环水泵，将多余的水送回锅炉。

5. 喷管式汽—水换热器

喷管式汽—水换热器的构造如图 5-30 所示，被加热水从左侧进入喷管，蒸汽从喷管外侧通过在管壁上的许多向前倾斜的喷嘴喷入水中，在高速流动中，蒸汽凝结放热，变成凝结水；被加热水吸收热量，与凝结水混合。喷管式汽—水换热器可以减少蒸汽直接通入水中产生的振动和噪声。为保证蒸汽与水正常混合，要求使用的蒸汽压力至少应比换热器入口水压高 0.1 MPa。

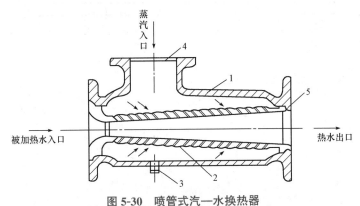

图 5-30 喷管式汽—水换热器

1—外壳；2—多孔喷管；3—泄水阀；4—网盖；5—填料

喷管式汽—水换热器的构造简单，体积小，加热效率高，安装维修方便且运行平稳，调节灵敏，但其换热量不大，一般只用于热水供应和小型热水供暖系统上。应根据额定热水流量选择喷管式汽—水换热器，直接根据产品样本或手册选择型号及接管直径。喷管式汽—水换热器用于供暖系统时，多设于循环水泵的出水口侧。

二、换热器的计算

换热器计算是指在换热量和结构已经确定，换热器出入口的加热介质和被加热介质温度已知的条件下，确定换热器必需的换热面积，或校核已选用的换热器是否满足要求。

1. 换热器换热面积计算

$$F=\frac{Q}{K\Delta t_{pj}B} \tag{5-1}$$

式中　F——换热器的换热面积，m^2；

　　　Q——被加热水所需的热量，W；

　　　K——换热器的传热系数，$W/(m^2 \cdot ℃)$；

　　　B——考虑水垢影响而取的系数，汽—水换热器取 $B=0.85\sim0.9$，水—水换热器取 $B=0.7\sim0.8$；

　　　Δt_{pj}——加热流体与被加热流体间的对数平均温差，℃。

（1）对数平均温差 Δt_{pj}。

$$\Delta t_{pj}=\frac{\Delta t_a-\Delta t_b}{\ln \dfrac{\Delta t_a}{\Delta t_b}} \tag{5-2}$$

式中　Δt_a、Δt_b——换热器进口、出口处热媒的最大、最小温差，℃，如图 5-31 所示。

当 $\dfrac{\Delta t_a}{\Delta t_b} \leqslant 2$ 时，对数平均温差 Δt_{pj} 可近似按平均温差计算，这时的误差<4%，即

$$\Delta t_{pj} = \frac{\Delta t_a + \Delta t_b}{2} \tag{5-3}$$

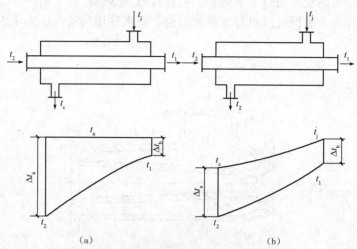

图 5-31 换热器内热媒的温度变化图

(a)汽—水换热器内的温度变化；(b)水—水换热器内的温度变化

(2)传热系数 K。

$$K = \frac{1}{\dfrac{1}{\alpha_1} + \dfrac{\delta}{\lambda} + \dfrac{1}{\alpha_2}} \tag{5-4}$$

式中 K——换热器的传热系数，$W/(m^2 \cdot ℃)$；

α_1——热媒和管壁间的换热系数，$W/(m^2 \cdot ℃)$；

α_2——管壁和被加热水之间的换热系数，$W/(m^2 \cdot ℃)$；

δ——管壁厚度，m；

λ——管壁的热导率，$W/(m \cdot ℃)$。一般钢管 $\lambda = 45 \sim 58\ W/(m \cdot ℃)$；黄铜管 $\lambda = 81 \sim 116\ W/(m \cdot ℃)$；纯铜管 $\lambda = 348 \sim 465\ W/(m \cdot ℃)$。

(3)换热系数 α。计算传热系数 K 时，需要计算换热系数 α_1 和 α_2。α_1 和 α_2 可用下列简化公式计算。

①水在管内或管间沿管壁做紊流运动($R_e \leqslant 10^4$)时的换热系数为

$$\alpha = 1.163 \times (1\ 400 + 18t_{pj} - 0.035\ t_{pj}^2) \frac{v^{0.8}}{d^{0.2}} \tag{5-5}$$

②水横穿过管束做紊流运动时的换热系数为

$$\alpha = 1.163 \times (1\ 000 + 15t_{pj} - 0.04\ t_{pj}^2) \frac{v^{0.64}}{d^{0.36}} \tag{5-6}$$

式中 t_{pj}——水的平均温度，即进、出口水温的算术平均值，$t_{pj} = (t_j + t_c)/2, ℃$；

v——管内流体的流速，m/s；

d——计算管径，m。当水在管内流动时，采用管内径，即 $d = d_n$。当水在管间流动时，采用管束间的当量直径。

$$d = d_n = \frac{4f}{s} \tag{5-7}$$

式中　f——水在管间流动的流通截面面积，m^2；

　　　s——在流动断面上和水接触的那部分的长度，即湿周，湿周包括水和换热管束的接触周缘和壳体与水的接触周缘，m。

　　③水蒸气在竖壁(管)上膜状凝结，且流速 $v \leqslant 2 \, \mathrm{m/s}$ 时的换热系数为

$$\alpha = 1.163 \times \frac{5\,689 + 76.3 \, t_{\mathrm{m}} - 0.211\,8 \, t_{\mathrm{m}}^2}{[H(t_{\mathrm{b}} - t_{\mathrm{bm}})]^{0.25}} \tag{5-8}$$

　　④水蒸气在水平管束上膜状凝结时的换热系数为

$$\alpha = 1.163 \times \frac{4\,320 + 47.5 \, t_{\mathrm{m}} - 0.14 \, t_{\mathrm{m}}^2}{[m \, d_{\mathrm{w}}(t_{\mathrm{b}} - t_{\mathrm{m}})]^{0.25}} \tag{5-9}$$

式中　H——竖壁(管)上层流液膜高度，一般即竖管的高度，m；

　　　d_{w}——管子外径，m；

　　　m——沿垂直方向管子的平均根数，$m = n/n'$，其中 n 为管束的总根数，n' 为最宽的横排中管子的根数；

　　　t_{b}——蒸汽的饱和温度，℃；

　　　t_{bm}——管壁壁面的温度，℃；

　　　t_{m}——凝结水薄膜温度，即饱和蒸汽温度 t_{b} 与管壁壁面温度 t_{bm} 的平均温度，℃。

　　式(5-8)和式(5-9)中管壁的壁面温度也是未知的，计算时采用试算法求解。先假定一个 t_{bm} 值，求出 α 值后，再根据热平衡关系式求出管束壁面的实际温度 t'_{bm}，若满足设计精度要求，则试算成功，否则应重新假定 t_{bm}，再确定 t'_{bm}，直至满足要求为止。

　　当蒸汽在管内流动时，热平衡关系式为

$$t'_{\mathrm{bm}} = t_{\mathrm{b}} - \frac{K \cdot \Delta t_{\mathrm{p}}}{\alpha_n} \tag{5-10}$$

　　当蒸汽在管外流动时，热平衡关系式为

$$t'_{\mathrm{bm}} = t_{\mathrm{b}} - \frac{K \cdot \Delta t_{\mathrm{p}}}{\alpha_{\mathrm{w}}} \tag{5-11}$$

式中　Δt_{p}——换热器内换热流体之间的对数平均温差，℃；

　　　α_n——流体在管内的换热系数，$\mathrm{W/(m^2 \cdot ℃)}$；

　　　α_{w}——流体在管外的换热系数，$\mathrm{W/(m^2 \cdot ℃)}$；

　　　t_{b}——蒸汽的饱和温度，℃；

　　　K——换热器的传热系数，$\mathrm{W/(m^2 \cdot ℃)}$。

特 别 提 醒

　　考虑到换热器换热面上机械杂质、污泥、水垢的影响，以及流体在换热器内分布不均匀等因素，设计的换热器的换热面积应比计算值大。对于钢管换热器，换热面积一般增加 25%～30%，对于铜管换热器，换热面积一般增加 15%～20%。

　　表 5-1 给出了常用换热器传热系数 K 值的范围，表中数值也可以作为估算时的参考值。

表 5-1 常用换热器的传热系数 K 值

设备名称	传热系数 $K/[W \cdot (m^2 \cdot ℃)^{-1}]$	备注
壳管式水—水换热器	2 000～4 000	$v_n=1～3$ m/s
分段式水—水换热器	1 150～2 300	$v_w=0.5～1.5$ m/s，$v_n=1～3$ m/s
容积式汽—水换热器	700～930	
容积式水—水换热器	350～465	$v_n=1～3$ m/s
板式水—水换热器	2 300～4 000	$v=0.2～0.8$ m/s
螺旋板式水—水换热器	1 200～2 500	$v=0.4～1.2$ m/s
淋水式换热器	5 800～9 300	

注：v_n—管内水流速，m/s；

v_w—管外水流速，m/s

2. 热媒耗量的计算

(1)汽—水换热器蒸汽的耗量：

$$G_q = \frac{Q}{277.7 \times (h_0 - 4.187 t_n)} \tag{5-12}$$

式中　G_q——蒸汽耗量，t/h；

Q——被加热水所需的热量，W；

h_0——蒸汽进入换热器时的比焓，kJ/kg；

t_n——流出换热器的凝结水温度，℃。

(2)水—水换热器中热媒水的耗量：

$$G_s = \frac{Q}{1.163 \times (t_1 - t_2)} \tag{5-13}$$

式中　G_s——加热水的流量，kg/h；

t_1、t_2——加热水的进、出水温，℃。

3. 计算换热器的压力损失

(1)流体在管内流动时的压力损失：

$$\Delta P_n = \left(\lambda \frac{l}{d_n} + \sum \xi\right)\frac{\rho v^2}{2} \tag{5-14}$$

(2)流体在管间流动时的压力损失：

$$\Delta P_j = \left(\lambda \frac{l}{Z d_{di}} + \sum \xi\right)\frac{\rho v_1^2}{2} \tag{5-15}$$

式中　ΔP_n——管内流体的压力损失，Pa；

ΔP_j——管间流体的压力损失，Pa；

l——管束的总长度，m；

Z——行程数；

d_n——管子内径，m；

d_{di}——管子断面的当量直径，m；

v——管内流体的流速，m/s；

v_1——管间流体的流速，m/s；

ρ——热水的密度，kg/m³；

λ——沿程阻力系数。钢管 $\lambda=0.029\sim0.035$，黄铜管 $\lambda=0.023$；

$\sum\xi$——流体通过换热器时的局部阻力系数之和，见表 5-2。

表 5-2　局部阻力系数表(相应管内流体)

局部阻力形式	ξ
水室的进口和出口	1.0
由一管束经过水室转 180°进入另一管束	2.5
由一管束经过弯头转 180°进入另一管束	2.0
水进入管间(其方向与管子垂直)	1.5
由管子之间转 90°排出	1.0
U 形管的 180°弯头	0.5
管间流体从一分段过渡到另一分段	2.5
绕过管子挡板	0.5
管子与管子之间转 180°弯头	1.5

定型标准换热器的压力损失一般由实验测定，可按下列数值估算：

汽—水换热器：20～120 kPa；

水—水换热器：10～30 kPa。

当管间流体为蒸汽时，蒸汽通过换热器的压降不大，一般为 5～10 kPa。

三、壳管式换热器的水力计算

在壳管式汽—水和水—水换热器中，水流的压力损失 ΔP，可按下式计算：

$$\Delta P = \left(\frac{\lambda L}{d} + \sum\xi\right)\frac{\omega^2}{2} \cdot \rho \tag{5-16}$$

式中　λ——摩擦阻力系数，对钢管，取 $\lambda=0.03$，对铜管，$\lambda=0.02$；

ρ——平均水温下的介质密度，kg/m³；

d——计算管径，m。水管内流动时，取管子内径，$d=d_n$；水管束间流动时，取管束间的当量直径，$d=d_d$；

ω——相应流通断面下的流速，m/s；

L——水流程的总长度，m；

$\sum\xi$——水流程的局部阻力系数之和，可按表 5-2 选用。

定型标准换热器中水侧的压力损失 ΔP 值，一般由实验测定，可查阅有关设计手册或产品样本。当进行设计估算时，可采用以下数值：

汽—水换热器——20～120 kPa；

水—水换热器——10～30 kPa。

当管间流体为蒸汽时，蒸汽通过换热器的压降通常较小，一般取 $\Delta P=$ 5～10 kPa。

知识拓展：集中供热系统热媒种类的确定

任务五　供热管道的调节和控制设备

阀门是用来开闭管路和调节输送介质流量的设备，常用的有截止阀、闸阀、蝶阀、止回阀（逆止阀）、手动调节阀和电磁阀等。

一、截止阀

截止阀按介质流向的不同可分为直通式、直角式和直流式（斜杆式）三种；截止阀按阀杆螺纹的位置可分为明杆和暗杆两种结构型式。图 5-32 所示为直通式截止阀结构示意图。

截止阀关闭时严密性较好，但阀体长，介质流动阻力大，产品公称直径一般不大于 200 mm。

二、闸阀

闸阀按结构型式分为明杆式闸阀和暗杆式闸阀两种，按闸板的形状分为楔式闸阀与平行式闸阀，按闸板的数目分为单板闸阀和双板闸阀。

图 5-33 所示为明杆平行式双板闸阀，图 5-34 所示为暗杆楔式单板闸阀。闸阀关闭时，严密性不如截止阀好，但阀体短，介质流动阻力小，常用在公称直径大于 200 mm 的管道上。

截止阀和闸阀主要起开闭管路的作用，由于其调节性能不好，因此不用于调节流量。

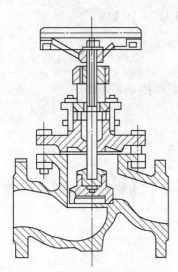
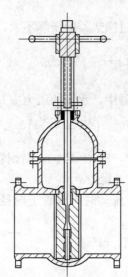
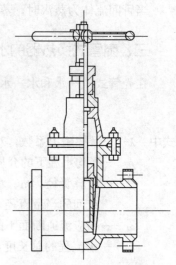

图 5-32　直通式截止阀结构示意　　图 5-33　明杆平行式双板闸阀　　图 5-34　暗杆楔式单板闸阀

三、蝶阀

图 5-35 所示为涡轮传动型蝶阀，阀板沿垂直管道轴线的立轴旋转。当阀板与管道轴线垂直时，阀门全闭；阀板与管道轴线平行时，阀门全开。

蝶阀阀体长度小，流动阻力小，调节性能稍优于截止阀和闸阀，但造价高。

截止阀、闸阀和蝶阀都可用法兰、螺纹或焊接连接方式。传动方式有手动传动（小口径)、齿轮传动、电动传动、液动传动和气动传动等，公称直径大于或等于 600 mm 的阀门，应采用电动驱动装置。

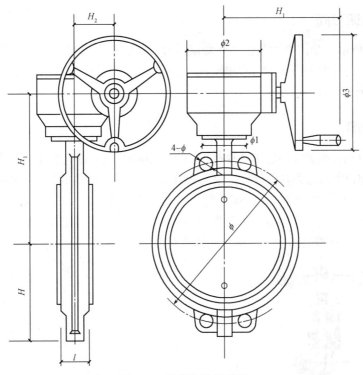

图 5-35　涡轮传动型蝶阀

四、止回阀(逆止阀)

止回阀用来防止管道或设备中的介质倒流，它利用流体的动能开启阀门。在供热系统中，止回阀常设置在水泵的出口、疏水器的出口管道，以及其他不允许流体反向流动的位置。

常用的止回阀有旋启式和升降式两种。图 5-36 所示为旋启式止回阀，图 5-37 所示为升降式止回阀。

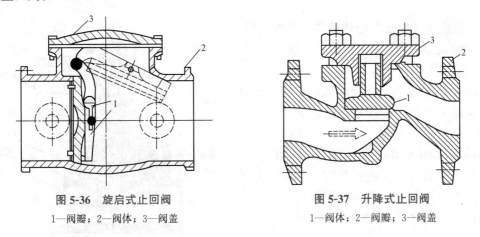

图 5-36　旋启式止回阀
1—阀瓣；2—阀体；3—阀盖

图 5-37　升降式止回阀
1—阀体；2—阀瓣；3—阀盖

旋启式止回阀密封性能较差，一般用于垂直向上流动或大直径的管道上。

升降式止回阀密封性能较好，但只能安装在水平管道上，一般多用于公称直径小于 200 mm 的水平管道上。

五、手动调节阀

如图 5-38 所示，当需要调节供热介质流量时，在管道上可设置手动调节阀。手动调节阀阀瓣呈锥形，通过转动手轮调节阀瓣的位置可以改变阀瓣与阀体通径之间所形成的缝隙面积，从而调节介质流量。

六、电磁阀

电磁阀是自动控制系统中常用的执行机构。它依靠电流通过电磁铁后产生的电磁吸力来操纵阀门的启闭，电流可由各种信号控制。常用的电磁阀分为直接启闭式和间接启闭式两类。

图 5-39 所示为直接启闭式电磁阀，它由电磁头和阀体 4 两部分组成。电磁头中的线圈 3 通电时，线圈和衔铁 2 产生电磁力使衔铁带动阀针 1 上移，阀孔被打开。电流切断时，电磁力消失，衔铁靠自重及弹簧力下落，阀针将阀孔关闭。

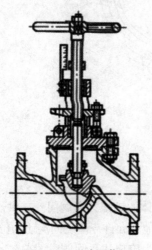

图 5-38　手动调节阀

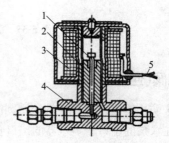

图 5-39　直接启闭式电磁阀

1—阀针；2—衔铁；3—线圈；4—阀体；5—电源线

直接启闭式电磁阀结构简单，动作可靠，但不宜控制较大直径的阀孔，通常阀孔直径在 3 mm 以下。

图 5-40 所示为间接启闭式电磁阀。通电时，电磁力把导向孔打开，上腔室压力迅速下降，在关闭件周围形成上低下高的压差，流体压力推动关闭件向上移动，阀门打开；断电时，弹簧力把导向孔关闭，入口压力通过旁通孔迅速在腔室关闭件周围形成下低上高的压差，流体压力推动关闭件向下移动，关闭阀门。

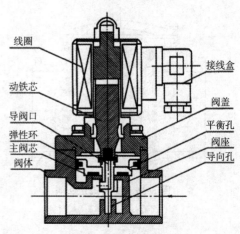

图 5-40　间接启闭式电磁阀

七、管道补偿器

为了防止供热管道升温时的热伸长或温度应力的作用而引起管道变形或破坏，需要在管道上设置补偿器，以补偿管道的热伸长，从而减小管壁的应力或作用在阀件、支架结构上的作用力。

1. 自然补偿器

自然补偿器就是利用管道本身自然弯曲所具有的弹性来吸收管道的热变形。管道弹性是指管道在应力作用下产生弹性变形，几何形状发生改变，应力消失后，又能恢复原状的能力。

管道工程中常用的自然补偿器有 L 形自然补偿器和 Z 形自然补偿器，如图 5-41 所示。

L 形自然补偿器实际上是一个 L 形弯管，弯管距两个固定端的长度多数情况下是不相等的，有长臂和短臂之分。由于长臂的热变形量大于短臂，因此，最大弯曲应力发生在短臂一端的固定点处。短臂 H 越短，弯曲应力越大。选用 L 形补偿器的关键是确定或核定短臂的长度 H 值。

Z 形自然补偿器是一个 Z 形弯管，可以把它看作两个 L 形弯管的组合体，其中间臂长度 H(即两弯管间的管道长度)越短，弯曲应力越大。因此，选用 Z 形自然补偿器的关键是确定或核定中间臂长度 H 值。

为了简化计算，可用线算图来确定 L 形自然补偿器的短臂长度和 Z 形自然补偿器的中间臂长度。

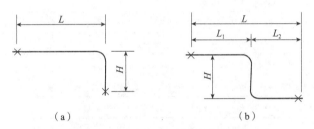

图 5-41　L 形、Z 形自然补偿器

(a)L 形自然补偿器；(b)Z 形自然补偿器

特 别 提 醒

　　自然补偿器是一种最简便、最经济的补偿方式，应充分加以利用。但是采用自然补偿器吸收热伸长时，其各臂的长度不宜过大，其自由臂长不宜大于 30 m。但是短臂过短，或长臂与短期之比过大，会使短臂固定支座的应力超过许用应力值，设计手册中常常限定短臂的最短长度。

2. 方形补偿器

方形补偿器是指采用专门加工成 U 形的连续弯管来吸收管道热变形的元件。这种补偿器是利用弯管的弹性来吸收管道的热变形的。从其工作原理看，方形补偿器补偿属于管道弹性热补偿。

方形补偿器由水平臂、伸缩臂和自由臂构成。方形补偿器是由 4 个 90°弯头组成的。其优点是制作简单，安装方便，热补偿量大，工作安全可靠，一般不需要维修；缺点是外形尺寸大，安装占用空间大，不太美观。方形补偿器按其外形可分为 1 型——标准式($B=2A$），2 型——等边式($B=A$），3 型—长臂式($B=0.5A$），4 型——小顶式($B=0$），如图 5-42 所示，其中 2 型、3 型最为常用。表 5-3 给出了方形补偿器的补偿能力。

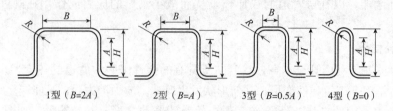

1型（$B=2A$）　　2型（$B=A$）　　3型（$B=0.5A$）　　4型（$B=0$）

$H=A+2R$

图 5-42　方形补偿器

表 5-3　方形补偿器的补偿能力

补偿能力 ΔL/mm	型号	公称通径/mm											
		20	25	32	40	50	65	80	100	125	150	200	250
		臂长 H/mm											
30	1	450	520	570	—	—	—	—	—	—	—	—	—
	2	530	580	630	670	—	—	—	—	—	—	—	—
	3	600	760	820	850	—	—	—	—	—	—	—	—
	4	—	760	820	850	—	—	—	—	—	—	—	—
50	1	570	650	720	760	790	860	930	1 000	—	—	—	—
	2	690	750	830	870	880	910	930	1 000	—	—	—	—
	3	790	850	930	970	970	980	980	—	—	—	—	—
	4	—	1 060	1 120	1 140	1 150	1 240	1 240	—	—	—	—	—
75	1	680	790	860	920	950	1 050	1 100	1 220	1 380	1 530	1 800	—
	2	830	930	1 020	1 070	1 080	1 150	1 200	1 300	1 380	1 530	1 800	—
	3	980	1 050	1 100	1 150	1 180	1 220	1 250	1 350	1 450	1 600	—	—
	4	—	1 350	1 410	1 430	1 450	1 450	1 450	1 450	1 530	1 650	—	—
100	1	780	910	980	1 050	1 100	1 200	1 270	1 400	1 590	1 730	2 050	—
	2	970	1 070	1 070	1 240	1 250	1 330	1 400	1 530	1 670	1 830	2 100	2 300
	3	1 140	1 250	1 360	1 430	1 450	1 470	1 500	1 600	1 750	1 830	2 100	—
	4	—	1 600	1 700	1 700	1 710	1 710	1 720	1 730	1 840	1 980	2 190	
150	1	1 100	1 260	1 270	1 310	1 400	1 570	1 730	1 920	2 120	2 500	—	—
	2	—	1 330	1 450	1 540	1 550	1 660	1 760	1 920	2 100	2 280	2 630	2 800
	3	—	1 560	1 700	1 800	1 830	1 870	1 900	2 050	2 230	2 400	2 700	2 900
	4	—	—	—	2 070	2 170	2 200	2 200	2 260	2 400	2 570	2 800	3 100
200	1	—	1 240	1 370	1 450	1 510	1 700	1 830	2 000	2 240	2 470	2 840	—
	2	—	1 540	1 700	1 800	1 810	2 000	2 070	2 250	2 500	2 700	3 080	3 200
	3	—	—	2 000	2 100	2 100	2 220	2 300	2 450	2 670	2 850	3 200	3 400
	4	—	—	—	2 720	2 750	2 770	2 780	2 950	3 130	3 400	3 700	

补偿能力 ΔL/mm	型号	公称通径/mm											
		20	25	32	40	50	65	80	100	125	150	200	250
		臂长 H/mm											
250	1	—	—	1 530	1 620	1 700	1 950	2 025	2 230	2 520	2 780	3 160	—
	2	—	—	1 900	2 010	2 040	2 260	2 340	2 560	2 800	3 050	3 500	3 800
	3	—	—	—	—	2 370	2 500	2 600	2 800	3 050	3 300	3 700	3 800
	4	—	—	—	—	—	3 000	3 100	3 230	3 450	3 640	4 000	4 200

注：表中的补偿能力按安装时冷拉 $\frac{1}{2}\Delta L$ 计算

3. 波纹管补偿器

波纹管补偿器又称波纹管膨胀节，由一个或几个波纹管及结构件组成，是用来吸收热胀冷缩等原因引起的管道或设备尺寸变化的装置。波纹管补偿器具有结构紧凑、承压能力高、工作性能好、配管简单、耐腐蚀、维修方便等优点。

波纹管补偿器
动画

波纹管补偿器是采用疲劳极限较高的不锈钢板或耐蚀合金板制成的。不锈钢板厚度为 0.2～10 mm，适用于工作温度在 550 ℃以下、公称压力为 0.25～25 MPa、公称直径为 25～1 200 mm 的弱腐蚀性介质的管路。

4. 套筒式补偿器

套筒式补偿器又称填料式补偿器，它由套管、插管和密封填料三部分组成，它是靠插管和套管的相对运动来补偿管道的热变形量的。套筒式补偿器按壳体的材料不同可分为铸铁制补偿器和钢制补偿器两种，按套筒的结构可分为单向套筒补偿器和双向套筒补偿器，按连接方式的不同可分为螺纹连接补偿器、法兰连接补偿器和焊接补偿器，图 5-43 所示为单向套筒补偿器。

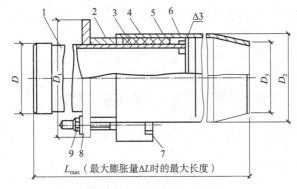

图 5-43 单向套筒补偿器

1—套管；2—前压兰；3—壳体；4—填料圈；5—后压兰；6—防脱肩；
7—T 形螺栓；8—垫圈；9—螺母

套筒式补偿器结构简单，紧凑，补偿能力大，占地面积小，施工安装简便，但这种补偿器的轴向推力大，易渗漏，需要经常维修和更换填料；当管道稍有径向位移和角向位移时，易造成套筒被卡住的现象，故单向套筒式补偿器应安装在固定支架附近，双向套筒式补偿器应安装在两固定支架中部，并应在补偿器前后设置导向支架。

5. 球形补偿器

球形补偿器利用补偿器的活动球形部分角向转弯来补偿管道的热变形，它允许管子在一定范围内相对转动，因而两直管可以不保持在一条直线上，如图 5-44 所示。

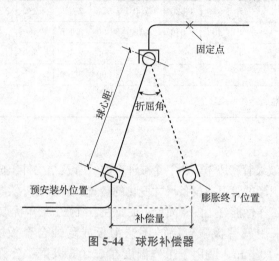

图 5-44　球形补偿器

球形补偿器具有很好的耐压和耐温性能，能适应 230 ℃的高温和 0.4 MPa 的压力，使用寿命长，运行可靠，占地面积小，基本上无须维修，补偿能力大，工作时变形应力小，减少了对支座的要求。

思考与练习

1. 根据生产热媒所需燃料不同，区域锅炉房可分为哪几类？
2. 热水锅炉房的集中供热系统的定压方式主要有哪几种？
3. 可再生能源供热包括哪些？
4. 根据位置和功能的不同，热力站可分为哪几类？
5. 壳管式汽—水换热器的主要形式有哪些？
6. 常用的用来开闭管路和调节输送介质流量的闭门有哪些？

项目六　集中供热系统

任务一　热水供热系统

根据局部热水供热系统是否直接取用热网循环水，热水供热系统可分为闭式热水供热系统和开式热水供热系统。在闭式热水供热系统中，热网循环水仅作为热媒，供给热用户热量而不从热网中取出使用。在开式热水供热系统中，热网循环水部分或全部从热网中取出，直接用于生产或热水供应热用户。

集中热水供热
施工图动画

一、闭式热水供热系统

闭式热水供热系统中，水在热用户系统的用热设备内放出热量后，沿热网回水管返回热源。闭式系统从理论上讲流量不变，但实际上热媒在系统中循环流动时，总会有少量循环水向外泄漏，使系统流量减少。在正常情况下，一般系统的泄漏水量不应超过系统总水量的 1%，泄漏的水依靠热源处的补水装置补充。

闭式双管热水供热系统是目前我国应用最广泛的一种供热系统形式，管网由一条供水管和一条回水管组成。图 6-1 所示为闭式双管热水供热系统示意。

（一）供暖系统热用户与热水网路的连接方式

供暖系统中，热用户与热水网路的连接方式总体可分为直接连接和间接连接。直接连接是指用户供暖系统直接连接于热水网路上。热水网路的水力工况和供热工况与供暖系统热用户有着密切的联系。间接连接是指在供暖系统中，热用户设置表面式水—水换热器或在热力站处设置担负该区域供暖热负荷的表面式水—水换热器，用户供暖系统与热水网路被表面式水—水换热器隔离，形成两个独立的系统。用户与网路之间的水力工况互不影响。

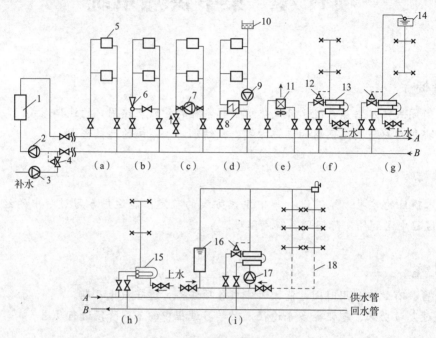

图 6-1　闭式双管热水供热系统示意

(a)无混合装置的直接连接；(b)装设水喷射器的直接连接；(c)装设混合水泵的直接连接；
(d)供暖热用户与热网的间接连接；(e)通风热用户与热网的连接；(f)无储水箱的连接方式；
(g)装设上部储水箱的连接方式；(h)装设容积式换热器的连接方式；(i)装设下部储水箱的连接方式
1—热源的加热装置；2—网路循环水泵；3—补给水泵；4—补给水压力调节器；5—散热器；6—水喷射器；
7—混合水泵；8—表面式水—水换热器；9—供暖热用户系统的循环水泵；10—膨胀水箱；11—空气加热器；
12—温度调节器；13—间壁式水—水换热器；14—储水箱；15—容积式换热器；16—下部储水箱；
17—热水供应系统的循环水泵；18—热水供应系统的循环管路

(1)直接连接方式。常见的直接连接方式有以下几种：

①无混合装置的直接连接。如图 6-1(a)所示，当热用户与外网的水力工程和温度工况一致时，热水经外网供水管直接接入供暖系统热用户，在散热设备散热后，回水直接返回外网回水管路。这种直接连接方式最简单，造价较低。

②装设水喷射器的直接连接。如图 6-1(b)所示，热网供水管的高温水进入水喷射器 6，在喷嘴处形成很高的流速，喷嘴出口处动压升高，静压降低到低于回水管的压力，回水管的低温水被抽引进入喷射器，并与供水混合，进入用户供暖系统的供水温度低于热网供水温度，符合用户供暖系统的要求。

水喷射器无活动部件，构造简单，运行可靠，且网路系统的水力稳定性好。但抽引回水需要消耗能量，热网供水、回水之间需要足够的资用压差才能保证水喷射器的正常工作。设水喷射器的直接连接只用在单幢建筑的供暖系统中，需要分散管理。

③装设混合水泵的直接连接。如图 6-1(c)所示，当建筑物用户引入口处热水网路的供

水、回水压差较小，不能满足水喷射器正常工作所需的压差，或设集中泵站将高温水转为低温水，向多幢建筑物或街区供暖时，可采用装设混合水泵的直接连接。

混合水泵可设置在建筑物入口处或集中热力站处。外网高温水与水泵加压后的用户回水混合，降低温度后送入用户供暖系统，混合水的温度和流量可通过调节混合水泵后面的阀门或外网供水、回水管进出口处阀门的开启来调节。为防止混合水泵扬程高于热网供回水管的压差而将热网回水抽入热网供水管，需要在热网供水管的入口处装设止回阀。还要注意，为防止突然停电、停泵发生的水击现象，还应在混合水泵压水管与汲水管之间连接一根旁通管，上面装设止回阀，当突然停泵回水管压力升高，供水管压力降低，一部分回水通过旁通管流入供水管时，可起泄压作用。

集中热水供热系统形式（间接连接）

（2）间接连接方式。如图 6-1（d）所示，间接连接的工作方式：热网供水管的热水进入设置在建筑物用户引入口或热力站的表面式水—水换热器内，供暖系统热用户的循环水也进入表面式水—水换热器，两者通过换热器的表面进行热量交换，冷却后的热网回水返回热网回水管，被加热的供暖系统热用户的循环水由用户供暖系统的循环水泵驱动循环流动。

集中热水供热系统间接连接动画

间接连接方式需要在建筑物用户入口处或热力站内设置表面式水—水换热器和供暖系统热用户的循环水泵等设备，造价比上述直接连接方式高得多，且循环水泵需要经常维护，并消耗电能，使运行费用增加。但是间接连接方式热源的补水率大大降低，同时热网的压力工况和流量工况不受用户的影响，便于运行管理。

间接连接集中热水供热系统（三维动画）

特 别 提 醒

我国城市集中供热系统的热用户与热水网路的连接，多年来主要采用直接连接方式。只有在热水网路与热用户的压力状况不匹配时才采用间接连接方式。如热网回水管在用户入口处的压力超过该用户散热器的承受能力，或高层建筑采用直接连接，影响到整个热水网路压力水平升高时就得采用间接连接方式。

（二）通风系统热用户与热网的连接方式

通风系统中加热空气的设备的承压能力较强，对热媒参数也无严格限制，因此，用户通风系统与热水供热管网的连接，通常采用简单的直接连接，如图 6-1（e）所示。

（三）热水供应热用户与热网的连接方式

热水供应热用户与热网的连接必须通过表面式水—水换热器。根据用户热水供应系统中是否设置储水箱及设置的位置，其连接方式有以下几种：

（1）无储水箱的连接方式。如图 6-1（f）所示，热水供应用户与外网间接连接时，必须设有水—水换热器，外网水通过水—水换热器将城市生活给水加热，冷却后的回水返回外网回水管。该系统用户供水管上应设温度调节器，控制系统供水温度不随用水量的改变而剧烈变化。无储水箱的连接方式是一种简单的连接方式，适用于一般住宅或公共建筑连续用热水且用水量较稳定的热水供应系统。

（2）装设上部储水箱的连接方式。如图 6-1(g)所示，在间壁式水—水换热器 13 中被加热的城市上水，先输送到设置在建筑物高处的储水箱 14 中，然后热水沿配水管输送到各取水点使用。上部储水箱起着储水和稳压的作用。这种连接方式常用在浴室或用水量很大的工业企业中。

（3）装设容积式换热器的连接方式。如图 6-1(h)所示，在建筑物用户引入口或热力站处装设容积式换热器 15，该换热器兼有换热和储存热水的功能，不必再设置上部储水箱。容积式换热器的传热系数很低，需要的换热面积较大，但清洗水垢比壳管式换热器方便。这种连接方式适用于工业企业和公用建筑的小型热水供应系统，也适用于城市上水硬度较高、易结垢的地方。

（4）装设下部储水箱的连接方式。如图 6-1(i)所示，该系统设有下部储水箱 16、热水供应系统的循环管路 18 和热水供应系统的循环水泵 17。当用户用水量较小时，水—水换热器的部分热水直接流入用户，另外的部分流入储水箱储存；当用户用水量较大，水—水换热器供水量不足时，储水箱内的水被城市生活给水挤出供给用户系统。装设循环水泵和循环管路的目的是使热水在系统中不断流动，保证用户打开水龙头就能流出热水。这种方式复杂，造价高，但工作稳定可靠，适用于对热水供应要求较高的宾馆或高级住宅。

二、开式热水供热系统

知识拓展：闭式热水供应系统的优缺点

开式热水供热系统是指用户的生活热水供应用水直接取自热水网路的热水供热系统。开式热水供热系统的热水供应热用户与网路的连接，有下列几种形式：

（1）无储水箱的连接方式。如图 6-2(a)所示，热水直接从网路的供回水管路取出，通过混合三通 4 后的水温可由温度调节器 3 来控制。为防止网路供水管的热水直接流入回水管，回水管上应安装止回阀 6。这种连接方式最为简单，可用于小型住宅和公用建筑中。

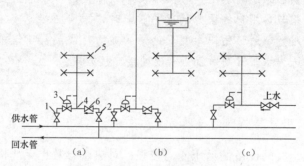

图 6-2　开式热水供热系统示意

(a)无储水箱的连接方式；(b)装设上部储水箱的连接方式；(c)与上水混合的连接方式
1、2—进水阀门；3—温度调节器；4—混合三通；5—取水栓；6—止回阀；7—上部储水箱

（2）装设上部储水箱的连接方式。如图 6-2(b)所示，网路供水和回水先在混合三通中混合，然后送到上部储水箱 7，热水再沿配水管送到各取水栓 5。这种连接方式常用于浴室、洗衣房和用水量很大的工业厂房。

（3）与上水混合的连接方式。如图 6-2(c)所示，当热水供应用户用水量很大并且需要的水温较低时，可采用与上水混合的连接方式。混合水温同样可用温度调节器控制。为了便于调节水温，热网供水管的压力应高于城市生活给水管的压力，并在生活污水管上安装止回阀，以防止热网水流入生活给水管。

热水供热系统的热网系统形式

在城市热水供热系统中，有很多建筑物的用户系统与热水网路相连接，供热区域较大。在确定热网系统形式时，应特别注意供热的可靠性，即当部分管段出现故障后，热网具有后备供热的可能性问题。

在热水供热系统中，热水管网一般为双管制，既有供水管，又有回水管。热水由热源沿着热水供热管网的供水管道输送给各个热用户，在用户系统的用热设备内放出热量，冷却后的回水沿着供热管网的回水管道返回热源。

热水供热管网主要有枝状管网和环状管网两种形式。

枝状管网如图 6-3 所示。该管网布置简单，供热管道的直径随距离热源越远而逐渐减小；其金属耗量小，基建投资小，运行管理简单。但枝状管网不具有后备供热的性能，当供热管网某处发生故障时，在故障点以后的热用户都将停止供热。由于建筑具有一定的蓄热能力，通常可采用迅速消除热网故障的办法，以使建筑物室温不致大幅度降低。因此，枝状管网是热水供热管网最普遍采用的形式。

环状管网如图 6-4 所示，供热管网主干线首尾相接构成环路，管道直径普遍较大。环状管网的最大优点是具有良好的后备供热性能，供热可靠性高。当输配干线出现事故时，切除故障管段后，通过环状管网由另一个方向保证供热。环状管网通常设有两个或两个以上的热源，与枝状管网相比，其热网投资增大，运行管理更为复杂，需要有较高的自动控制措施。

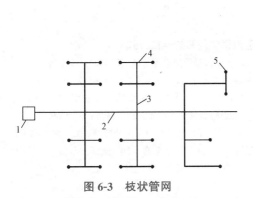

图 6-3 枝状管网

1—热源；2—主干线；3—支干线；
4—用户支线；5—用户引入口
注：双管线路以单线表示，阀门未标出。

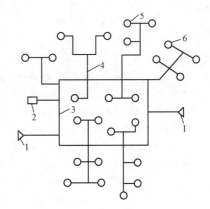

图 6-4 环状管网

1—热电厂；2—区域锅炉房；3—环状管网；
4—支干线；5—分支管线；6—热力站
注：双管线路以单线表示，阀门未标出。

任务二 蒸汽供热系统

以蒸汽为热媒的供热系统称为蒸汽供热系统，其广泛应用于工业厂房或工业区域，主要向生产工艺热用户供热，也向热水供应、通风和供暖热用户供热。

一、热用户与蒸汽网路的连接方式

图 6-5 所示为各种热用户与蒸汽供热网路的连接方式。蒸汽锅炉 1 产生的高压蒸汽进入蒸汽管网，以直接或间接的方式向各用户提供热能，凝结水经凝结水管网返回热源凝结水箱，经凝结水泵加压后注入蒸汽锅炉重新被加热成蒸汽。

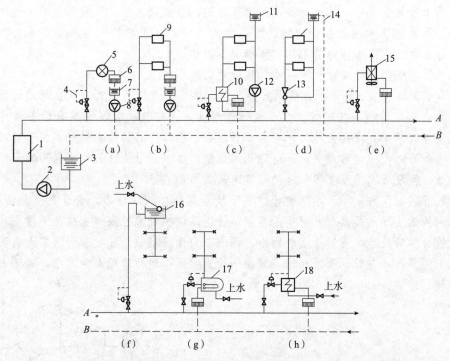

图 6-5 各种热用户与蒸汽供热网路的连接方式

(a)生产工艺热用户与蒸汽网路的直接连接；(b)蒸汽供暖用户系统与蒸汽网路的直接连接；
(c)采用蒸汽—水换热器的间接连接；(d)采用蒸汽喷射器的直接连接；(e)通风系统与蒸汽网路的直接连接；
(f)蒸汽直接加热热水的热水供应系统；(g)采用容积式换热器的热水供应系统；(h)无储水箱的间接连接热水供应系统

1—蒸汽锅炉；2—锅炉给水泵；3—凝结水箱；4—减压阀；5—生产工艺用热设备；6—疏水器；
7—用户凝结水箱；8—用户凝结水泵；9—散热器；10—供暖系统用的蒸汽—水换热器；11—膨胀水箱；
12—循环水泵；13—蒸汽喷射器；14—溢流管；15—空气加热装置；16—上部储水箱；
17—容积式换热器；18—热水供应系统用的蒸汽—水换热器

(1)图 6-5(a)所示为生产工艺热用户与蒸汽网路的直接连接示意图。蒸汽经减压阀 4 减压后，送入生产工艺用热设备 5，放热后生成凝结水，凝结水经疏水器 6 后流入用户凝结水箱 7，再由用户凝结水泵 8 加压后返回凝结水管网。

(2)图 6-5(b)所示为蒸汽供暖用户系统与蒸汽网路的直接连接。高压蒸汽经减压阀减压后进入用户系统，凝结水通过疏水器进入凝结水箱，再用凝结水泵将凝结水送回热源。

(3)图 6-5(c)所示为采用蒸汽—水换热器的间接连接。高压蒸汽减压后，经供暖系统用的蒸汽—水换热器 10 将用户循环水加热，用户内部采用热水供暖形式。

(4)图 6-5(d)所示为采用蒸汽喷射器的直接连接。蒸汽在蒸汽喷射器 13 的喷嘴处，产生低于热水供暖系统回水的压力，回水被抽引进入喷射器，混合加热后送入用户供暖系统，用户系统中多余的水量通过水箱的溢流管14返回凝结水管网。

(5)图 6-5(e)所示为通风系统与蒸汽网路的直接连接。若蒸汽压力过高，则在入口处装置减压阀4调节。

(6)蒸汽直接加热热水的热水供应系统，如图 6-5(f)所示。

(7)采用容积式换热器的热水供应系统，如图 6-5(g)所示。

(8)无储水箱的间接连接热水供热系统，如图 6-5(h)所示。

综上所述，蒸汽供热管网与热用户的连接方式取决于管网的热媒参数和用户的使用要求，可分为直接连接和间接连接两大类。由于蒸汽热媒的性质与热水不同，其连接方式较热水管网要复杂。但蒸汽供热系统的供热对象相对更多，其在工业企业中应用非常广泛。

二、凝结水回收系统

蒸汽在用热设备内放热凝结后，凝结水流出用热设备，经疏水器、凝结水管道返回热源的管路系统及其设备组成的整个系统，该系统称为凝结水回收系统。

凝结水水温较高(一般为 80～100 ℃)，同时又是良好的锅炉补水，应尽可能回收。凝结水回收率低，或回收的凝结水水质不符合要求，会使锅炉补水量增大，增加水处理设备投资和运行费用，增加燃料消耗。因此，合理设计凝结水回收系统，运行中提高凝结水回收率，保证凝结水的质量，是蒸汽供热系统设计与运行的关键性技术问题。

凝结水回收系统可以按以下方式进行分类：

(1)按凝结水回收系统是否与大气相通，可分为开式凝结水回收系统和闭式凝结水回收系统。

(2)按凝结水的流动方式不同，可分为单相流凝结水回收系统和两相流凝结水回收系统。单相流线又可以分为满管流凝结水回收系统和非满管流凝结水回收系统。满管流是指凝结水依靠水泵动力或位能差充满整个管道断面呈有压流动的流动方式；非满管流是指凝结水并不充满整个管道断面，依靠管路坡度流动的流动方式。

(3)按驱使凝结水流动的动力不同，可分为重力回水凝结水回收系统和机械回水凝结水回收系统。重力回水是利用凝结水位能差或管道坡度，驱使凝结水满管或非满管流动的方式。机械回水是利用水泵动力驱动凝结水满管有压流动的方式。

1. 非满管流的凝结水回收系统(低压自流式凝结水回收系统)

如图 6-6 所示，工厂内各车间的低压蒸汽经供暖设备放热后，流出疏水器2的凝结水压力接近零。凝结水依靠重力，沿着坡向锅炉房凝结水箱的室外自流凝结水管路3，自流返回锅炉房凝结水箱4。

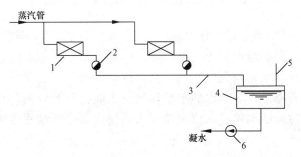

图 6-6　低压自流式凝结水回收系统

1—车间用热设备；2—疏水器；3—室外自流凝结水管路；4—凝结水箱；5—排气管；6—凝结水泵

低压自流式凝结水回收系统只适用于供热面积小、地形坡向凝结水箱的情形，锅炉房应位于全厂的最低处，其应用范围受到很大限制。

2. 两相流的凝结水回收系统（余压回水系统）

工厂内各车间的高压蒸汽供热后的凝结水，经疏水器 2 后仍具有一定的背压，依靠疏水器的背压将凝结水直接接到两相流凝结水管网 3，送回锅炉房或分站的凝结水箱 4 中，如图 6-7 所示。

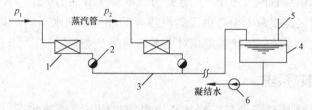

图 6-7　余压回水系统

1—车间用热设备；2—疏水器；3—两相流凝结水管网；4—凝结水箱；5—排气管；6—凝结水泵

余压回水系统是应用最广泛的一种凝结水回收系统，适用于全厂耗汽量较少、用汽点分散、用汽参数（压力）比较一致的蒸汽供热系统。

3. 重力式满管流凝结水回收系统

工厂中各车间用热设备排出的凝结水，经余压凝结水管 3，首先集中到一个承压的高位水箱（或二次蒸发箱）4，在箱中排出二次蒸汽后，纯凝结水直接流入室外凝结水管网 6，如图 6-8 所示。

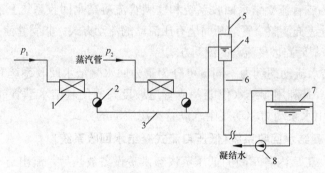

图 6-8　重力式满管流凝结水回收系统

1—车间用热设备；2—疏水器；3—余压凝结水管；4—高位水箱（或二次蒸发箱）；5—排气管；
6—室外凝结水管网；7—凝结水箱；8—凝结水泵

重力式满管流凝结水回收系统工作可靠，适用于地势较平坦且坡向热源的蒸汽供热系统。

上面介绍的三种不同凝结水流动状态的凝结水回收系统，均属于开式凝结水回收系统。系统中的凝结水箱或高位水箱与大气相通。在系统运行期间，二次蒸汽通过凝结水箱或高位水箱顶设置的排气管排出，凝结水的水量和热量未能得到充分的利用或回收。在系统停止运行期间，空气通过凝结水箱或高位水箱进入系统内，使凝结水含氧量增加，凝结水管道易腐蚀。

4. 闭式余压凝结水回收系统

闭式余压凝结水回收系统的凝结水箱必须是承压水箱，同时需要设置安全水封。安全水封的作用是使凝结水系统与大气隔断。当二次蒸汽压力过高时，二次蒸汽从安全水封排出；在系统停止运行时，安全水封可防止空气进入。

如图 6-9 所示，室外凝结水管道的凝结水进入凝结水箱后，大量的二次蒸汽和漏汽分离出来，可以通过蒸汽—水换热器 8，以利用二次蒸汽和漏汽的热量。这些热量可用来加热锅炉房的软化水或加热上水用于热水供应或生产工艺用水。为使闭式凝结水箱 4 在系统停止运行时能保持一定的压力，宜通过压力调节器 9 向凝结水箱进行补汽，补汽压力一般不大于 5 kPa。

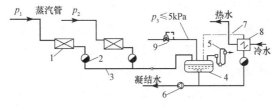

图 6-9　闭式余压凝结水回收系统

1—车间用热设备；2—疏水器；3—余压凝水管；4—闭式凝结水箱；5—安全水封；6—凝结水泵；

7—二次蒸汽管道；8—利用二次蒸汽的蒸汽—水换热器；9—压力调节器

5. 闭式满管流凝结水回收系统

如图 6-10 所示，车间生产工艺用汽设备 1 的凝结水集中送到各车间的二次蒸发箱 3，产生的二次蒸汽可用于供暖。二次蒸发箱的安装高度一般为 3～4 m，设计压力一般为 20～40 kPa，运行期间，二次蒸发箱的压力取决于二次蒸汽利用的多少。当生成的二次蒸汽少于需求量时，可以通过减压阀补汽，以满足需要和维持箱内压力。

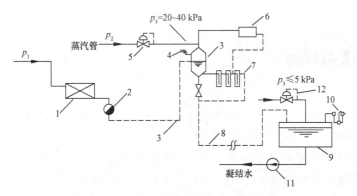

图 6-10　闭式满管流凝结水回收系统

1—车间生产工艺用汽设备；2—疏水器；3—二次蒸发箱；4—安全阀；5—补汽的压力调节阀；6—散热器；

7—多级水封；8—室外凝结水管网；9—闭式凝结水箱；10—安全水封；11—凝结水泵；12—压力调节器

二次蒸发箱内的凝结水经过多级水封 7 引入室外凝结水管网 8，靠多级水封与凝结水箱顶的回形管的水温差，返回闭式凝结水箱 9。闭式凝结水箱应设置安全水封 10，以保证凝结水系统不与大气相通。

闭式满管流凝结水回收系统适用于分散利用二次蒸汽、厂区地形起伏较大、地形坡向情形。由于这种系统利用了二次蒸汽，且热能利用好，回收率高，故外网管径通常较余压系统小，但各季节的二次蒸汽供应不易平衡，造成设备增加，目前国内应用尚不普遍。

在集中供热系统中，以热水作为热媒与以蒸汽作为热媒相比，有下述优点：

(1)热水供热系统的热能利用效率高。由于在热水供热系统中没有凝结水和蒸汽泄漏，以及二次蒸汽的热损失，因而热能利用率比蒸汽供热系统高，实践证明，一般可节约燃料20%～40%。

(2)以热水作为热媒用于集中供热系统时，可以改变供水温度来进行供热调节(质调节)，这样既能减少热网热损失，又能较好地满足卫生要求。

(3)热水供热系统的蓄热能力高。由于系统中水量多，水的比热大，因此，在水力工况和热力工况短时间失调时，也不会引起供热状况的很大波动。

(4)热水供热系统可以远距离输送，供热半径大。

以蒸汽作为热媒与以热水作为热媒相比，有以下一些优点：

(1)以蒸汽作为热媒的适用面广，能满足多种热用户的要求，特别是生产工艺用热，都要求采用蒸汽供热。

(2)与热水网路输送网路循环水量所消耗的电能相比，蒸汽供热系统中输送凝结水所耗的电能少得多。

(3)蒸汽在散热器或热交换器中，因温度和传热系数都比水高，可以减少散热设备面积，降低设备费用。

(4)蒸汽的密度小，在一些地形起伏很大的地区或高层建筑中，不会产生热水供热系统那样大的静水压力，用户的连接方式简单，运行也比较方便。

思考与练习

1. 根据局部热水供热系统是否直接取用热网循环水，热水供热系统可分为哪几类？

2. 根据用户热水供应系统中是否设置储水箱及设置的位置，热水供应热用户与热网的连接方式有哪几种？

3. 开式热水供热系统的热水供应热用户与网路的连接有哪几种形式？

4. 凝结水回收系统可以按哪些方式进行分类？

项目七 热水网路的水力计算和水压图

任务一 热水网路水力计算的基本原理

前面所阐述的室内热水采暖系统管路水力计算的基本原理，对热水网路是完全适用的。

一、沿程压力损失的计算

室外热网流量较大，热水网路的水流量通常以吨/时(t/h)表示。表达每米管长的沿程损失(比摩阻)R、管径 d 和水流量 G_t 的关系式为

$$R = 6.25 \times 10^{-2} \frac{\lambda}{\rho} \cdot \frac{G_t^2}{d^5} \tag{7-1}$$

式中 R——每米管长的沿程损失(比摩阻)，Pa/m；

$\quad\quad G_t$——管段的水流量，t/h；

$\quad\quad d$——管子的内直径，m；

$\quad\quad \lambda$——管道内壁的摩擦阻力系数；

$\quad\quad \rho$——水的密度，kg/m³。

如前所述，热水网路的水流速度通常大于 0.5 m/s，它的流动状况大多处于阻力平方区。阻力平方区的摩擦阻力系数 λ 值可用下式确定：

$$\lambda = \frac{1}{\left(1.14 + 2\lg\dfrac{d}{K}\right)^2} \tag{7-2}$$

式中 K——管壁的当量绝对粗糙度，m，对热水网路，取 $K = 0.5 \times 10^{-3}$ m。

对于管径不小于 40 mm 的管道，可用下式计算：

$$\lambda = 0.11 \left(\frac{K}{d}\right)^{0.25} \tag{7-3}$$

如将式(7-3)的摩擦阻力系数 λ 值代入式(7-1)中，可得出更清楚地表达 R、d 和 G_t 三者相互关系的公式。

$$R = 6.88 \times 10^{-3} K^{0.25} \frac{G_t^2}{\rho d^{5.25}} \tag{7-4}$$

$$d = 0.387 \frac{K^{0.0476} G_t^{0.381}}{(\rho R)^{0.19}} \tag{7-5}$$

$$G_t = 12.06 \frac{0.5 \rho R d^{2.625}}{K^{0.125}} \tag{7-6}$$

式中符号意义同前

在设计工作中，为了简化烦琐的计算，通常利用水力计算表进行计算(附表 7-1)。

如在水力计算中遇到了与附表 7-1 中不同的当量绝对粗糙度 K_{sh}，则根据式(7-4)对比摩阻 R 进行修正。

$$R_{sh} = \left(\frac{K_{sh}}{K_{bi}}\right)^{0.25} \cdot R_{bi} = m R_{bi} \tag{7-7}$$

式中 R_{bi}、K_{bi}——按附表 7-1 查出的比摩阻和规定的 K_{bi} 值，$K_{bi} = 0.5$ mm；

K_{sh}——水力计算时采用的实际当量绝对粗糙度，mm；

R_{sh}——相应 K_{sh} 情况下的实际比摩阻，Pa/m；

m——K 值修正系数，其值见表 7-1。

表 7-1　K 值修正系数 m 和 β 值

K/mm	0.1	0.2	0.5	1.0
m	0.669	0.795	1.0	1.189
β	1.495	1.26	1.0	0.84

水力计算表(附表 7-1)是在热水密度 $\rho = 958.38$ kg/m³ 条件下编制的。如热媒的密度不同，但质量流量相同，则应对表中查出的速度和比摩阻进行修正。

$$v_{sh} = \frac{\rho_{bi}}{\rho_{sh}} \cdot v_{bi} \tag{7-8}$$

$$R_{sh} = \frac{\rho_{bi}}{\rho_{sh}} \cdot R_{bi} \tag{7-9}$$

$$d_{sh} = \left(\frac{\rho_{bi}}{\rho_{sh}}\right)^{0.19} \cdot d_{bi} \tag{7-10}$$

式中 ρ_{bi}、R_{bi}、v_{bi}、d_{bi}——附表 7-1 中采用的热媒密度和在表中查出的比摩阻、流速和管径值；

ρ_{sh}——水力计算中热媒的实际密度，kg/m³；

R_{sh}、v_{sh}、d_{sh}——相应于 ρ_{sh} 下的实际比摩阻、流速和管径值。

二、局部压力损失的计算

热水网路局部损失计算公式为

$$\Delta p_j = \sum \xi \frac{\rho v^2}{2} \tag{7-11}$$

在热水网路计算中，还经常采用当量长度法，即将管段的局部损失折合成相当的沿程损失。当量长度 l_d 可用下式求出：

$$l_d = \sum \xi \frac{d}{\lambda} = 9.1 \frac{d^{1.25}}{K^{0.25}} \cdot \sum \xi \tag{7-12}$$

式中　$\sum \xi$——管段的总局部阻力系数；

　　　K——管道的当量绝对粗糙度，mm；

　　　d——管道的内径，m。

式中其他符号意义同前。

附表 7-2 给出了热水网路一些管件和附件的局部阻力系数以及在 $K=0.5$ mm 时局部阻力当量长度值。

如果水力计算采用与附表 7-2 不同的当量绝对粗糙度 K_{sh} 值时，应根据式（7-12）对 l_d 进行修正。

$$l_{sh,d} = \left(\frac{K_{bi}}{K_{sh}}\right)^{0.25} \cdot l_{bi,d} = \beta l_{bi,d} \tag{7-13}$$

式中　K_{bi}、$l_{bi,d}$——局部阻力当量长度表中采用的 K 值（附表 7-2 中，$K_{bi}=0.5$ mm）和局部阻力当量长度，m；

　　　K_{sh}——水力计算中实际采用的当量绝对粗糙度，mm；

　　　$l_{sh,d}$——相应 K_{sh} 值条件下的局部阻力当量长度，m；

　　　β——K 值修正系数，其值见表 7-1。

三、室外热网总压力损失

当采用当量长度法进行水力计算时，热水网路中管段的总压降为

$$\Delta p_j = R(l + l_d) = R l_{zh} \tag{7-14}$$

式中　l_{zh}——管段的折算长度，m。

式中其他符号意义同前。

在进行估算时，局部阻力的当量长度 l_d 可按管道实际长度 l 的百分数来计算，即

$$l_d = \alpha_j l \tag{7-15}$$

式中　α_j——局部阻力当量长度百分数，%（其值见表 7-2）；

　　　l——管道的实际长度，m。

表 7-2　局部阻力当量长度百分数

补偿器类型	公称直径/mm	局部阻力与沿程阻力的比值/%	
		蒸汽管道	热水及凝结水管道
输送干线			
套筒或波纹管补偿器(带内衬筒)	≤1 200	0.2	0.2
方形补偿器	200～350	0.7	0.5
方形补偿器	400～500	0.9	0.7
方形补偿器	600～1 200	1.2	1.0
输配干线			
套筒或波纹管补偿器(带内衬筒)	≤400	0.4	0.3
套筒或波纹管补偿器(带内衬筒)	450～1 200	0.5	0.4
方形补偿器	150～250	0.8	0.6
方形补偿器	300～350	1.0	0.8
方形补偿器	400～450	1.0	0.9
方形补偿器	600～1 200	1.2	1.0

注：有分支管接出的干线称为输配干线；长度超过 2 km 无分支管的干线称为输送干线

任务二　热水热网的水力计算

一、热水热网的水力计算已知条件

进行热水热网水力计算前，通常应有下列已知资料：网路的平面布置图(平面布置图上应标明管道所有的附件和配件)、用户热负荷的大小、热源的位置及热媒的计算温度等。

二、热水热网的水力计算方法和例题

热水热网的水力计算方法及步骤如下：

(1)确定热水热网中各个管段的计算流量。管段的计算流量就是该管段所负担的各个用户的计算流量之和，以此计算流量确定管段的管径和压力损失。

对只有供暖热负荷的热水供暖系统，用户的计算流量 G'_n 可用下式确定：

$$G'_n = \frac{Q'_n}{c(t'_1 - t'_2)} = A\frac{Q'_n}{t'_1 - t'_2} \tag{7-16}$$

式中　Q'_n——供暖用户系统的设计热负荷，通常可用 GJ/h、MW 或 Mkcal/h 表示；

t'_1、t'_2——网路的设计供水、回水温度，℃；

c——水的质量比热，$c = 4.186\,8$ kJ/(kg·℃) = 1 kcal/(kg·℃)；

A——采用不同计算单位的系数，见表 7-3。

表 7-3 采用不同计算单位的系数 A

采用的计算单位	Q'_n——GJ/h c——kJ/(kg·℃)	Q'_n——MW c——kJ/(kg·℃)	Q'_n——Mkcal/h c——kcal/(kg·℃)
系数 A	238.8	860	1 000

（2）确定热水热网的主干线及其沿程比摩阻。热水网路水力计算是从主干线开始的，其主干线应为允许平均比摩阻最小的管线。通常，热水管网各用户要求的作用压差基本相同，所以，从热源到最远用户的管线一般是主干线。

主干线的平均比摩阻 R 值，对确定整个管网的管径起决定性作用。选用的比摩阻 R 值越大，需要的管径越小，可降低管网的基建投资和热损失，但网路中循环水泵的投资及运行电耗会随之增大。这就需要确定一个经济的比摩阻，经济比摩阻的数值要经技术经济比价来确定，一般可按 30～70 Pa/m 选用。当管网设计温差较小或供热半径大时取较小值；反之，取较大值。

（3）根据网路主干线各管段的计算流量和初步选用的平均比摩阻 R 值，利用附表 7-1 的水力计算表，确定主干线各管段的标准管径和相应的实际比摩阻。

（4）根据选用的标准管径和管段中局部阻力的形式，查附表 7-2，确定各管段局部阻力的当量长度 l_d 的总和，以及管段的折算长度 l_{zh}。

（5）根据管段的折算长度 l_{zh} 及由附表 7-1 查到的比摩阻，利用式(7-14)计算主干线各管段的总压降。

（6）主干线水力计算完成后，便可进行热水网路支干线、支线等水力计算。除保证各用户入口处预留足够的资用压力差以克服用户内部系统的阻力外，还应按管网各分支干线或支线始末两端的资用压力差选择管径，并尽量消耗掉剩余压力，以使各并联环路之间的压力损失趋于平衡。但应控制管内介质流速不大于 3.5 m/s，同时，比摩阻不应大于 300 Pa/m。对于只连接一个用户的支线，比摩阻可大于 300 Pa/m。

在实际计算中，由于各环路长短往往相差很大，必然会造成距热源近端用户剩余压力过大的情况，因此，通常在用户引入口或热力站处安装调压板、调压阀门或流量调节器来进行调节。

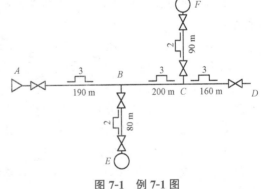

图 7-1　例 7-1 图

【例 7-1】　某工厂区热水供热系统，其网路平面布置如图 7-1 所示，网路的计算供水温度 t'_1=130 ℃，计算回水温度 t'_2=70 ℃。用户 D、E、F 的设计热负荷分别为 5.025 GJ/h、3.518 GJ/h 和 2.513 GJ/h。用户内部的阻力损失为 Δp=5×10⁴ Pa。试进行该热水网路的水力计算。

【解】　（1）确定各用户的计算流量。对用户 E，根据式(7-16)得：

$$G'_n = A\frac{Q'_n}{t'_1 - t'_2} = 238.8 \times \frac{3.518}{130 - 70} \approx 14(\text{t/h})$$

其他用户和各管段的计算流量的计算方法同上。各管段的设计流量和长度列入表 7-4 中。

（2）主干线计算。因各用户内部的阻力损失相等，所以，从热源到最远用户 D 的管线是主干线。

表 7-4　水力计算表（例 7-1）

管段编号	计算流量 $G'_n/$ $(t \cdot h^{-1})$	管段长度 l/m	公称直径 d $/mm$	流速 $v/$ $(m \cdot s^{-1})$	比摩阻 $R/$ $(Pa \cdot m^{-1})$	局部阻力当量长度之和 l_d/m	折算长度 l_{zh}/m	管段的压力损失 $\Delta p/Pa$
主干线								
AB	44	190	150	0.72	44.8	48.44	238.44	10 682
BC	30	200	125	0.71	54.6	42.34	242.34	13 232
CD	20	160	100	0.74	79.2	34.68	194.68	15 419
支线								
BE	14	80	70	1.09	278.5	18.6	98.6	27 460
CF	10	90	70	0.78	142.2	18.6	108.6	15 443

取主干线的平均比摩阻在 $40 \sim 80$ Pa/m 范围之内，确定主干线各管段的管径。

管段 AB：计算流量 $G'_n = 14 + 10 + 20 = 44(t/h)$

根据管段 AB 的计算流量和 R 值的范围，从附表 7-1 中可确定管段 AB 的管径和相应的比摩阻 R 值：$d = 150$ mm；$R = 44.8$ Pa/m。

根据管段 AB 的管径，管段 AB 中局部阻力的当量长度 l_d 可由附表 7-2 查出：闸阀阻力当量长度为 $1 \times 2.24 = 2.24(m)$；方形补偿器阻力当量长度为 $3 \times 15.4 = 46.2(m)$。

局部阻力当量长度之和 $l_d = 2.24 + 46.2 = 48.44(m)$

管段 AB 的折算长度 $l_{zh} = 190 + 48.44 = 238.44(m)$

管段 AB 的压力损失 $\Delta p = R l_{zh} = 44.8 \times 238.44 \approx 10\ 682(Pa)$

使用同样的方法，可计算出主干线其余管段 BC、CD，确定其管径和压力损失。计算结果列于表 7-4 中。

管段 BC 和 CD 的局部阻力当量长度 l_d 值，计算如下：

管段 BC	DN125	管段 CD	DN100
直流三通	$1 \times 4.4 = 4.4(m)$	直流三通	$1 \times 3.3 = 3.3(m)$
异径接头	$1 \times 0.44 = 0.44(m)$	异径接头	$1 \times 0.33 = 0.33(m)$
方形补偿器	$3 \times 12.5 = 37.5(m)$	方形补偿器	$3 \times 9.8 = 29.4(m)$
闸阀	$1 \times 1.65 = 1.65(m)$		
总当量长度	$l_d = 42.34(m)$	总当量长度	$l_d = 34.68(m)$

（3）支线计算。管段 BE 的资用压差为

$$\Delta p'_{BE} = \Delta p_{BC} + \Delta p_{CD} = 13\ 232 + 15\ 419 = 28\ 651(Pa)$$

设局部损失与沿程损失的估算比值 $\alpha_j = 0.6$（附表 7-5），则比摩阻大致可控制为 $R' = \dfrac{\Delta p'_{BE}}{l_{BE}(1 + \alpha_j)} = \dfrac{28\ 651}{80 \times (1 + 0.6)} \approx 224(Pa/m)$。

根据 R' 和 $G'_{BE} = 14$ t/h，由附表 7-1 得：

$d_{BE}=70$ mm；$R_{BE}=278.5$ Pa/m；$v=1.09$ m/s

管段 BE 中局部阻力当量长度 l_d，查附表7-2得：

三通流量为 $1×3.0=3.0(m)$；方形补偿器为 $2×6.8=13.6(m)$；闸阀为 $2×1.0=2.0(m)$。总当量长度 $l_d=18.6$ m。

管段 BE 的折算长度 $l_{zh}=80+18.6=98.6(m)$

管段 BE 的压力损失 $\Delta p_{BE}=Rl_{zh}=278.5×98.6≈27\ 460(Pa)$

用同样的方法计算支管 CF，计算结果列于表7-4中。

任务三　蒸汽热网的水力计算

一、蒸汽热网水力计算的特点

蒸汽供热系统的管网由蒸汽网路和凝结水网路两部分组成。热水网路水力计算的基本公式对蒸汽网路同样是适用的。

在计算蒸汽管道的沿程压力损失时，比摩阻 R、管径 d 与流量 G_t 三者的关系式，与热水网路水力计算的基本公式式(7-4)、式(7-5)和式(7-6)完全相同。

在设计中，为了简化蒸汽管道水力计算过程，通常也是利用计算图或表格进行计算。附表7-3给出室外高压蒸汽管道水力计算表。该表是按 $K=0.2$ mm、蒸汽密度 $\rho=1$ kg/m³ 编制的。

在蒸汽网路水力计算中，由于蒸汽网路较长，蒸汽在管道流动过程中的密度变化大，因此，蒸汽管道水力计算的特点是在计算压力损失时应考虑蒸汽密度的变化，对附表7-3中的 v、R 予以修正，修正公式与式(7-8)和式(7-9)完全相同。

当蒸汽管道的当量绝对粗糙度 K_{sh} 与附表7-3中采用的 $K=0.2$ mm 不符时，则应对比摩阻 R 按式(7-7)进行修正。

蒸汽管道的局部阻力系数通常用当量长度表示，同样按式(7-12)计算。

室外蒸汽管道局部阻力当量长度 l_d 值，可查附表7-2计算，但因蒸汽管道 K 值取 0.2 mm，热水管道 K 值取 0.5 mm，所以式中 β 值应取 1.26，如下式所示：

$$l_{sh,d}=\left(\frac{K_{bi}}{K_{sh}}\right)^{0.25}\cdot l_{bi,d}=\left(\frac{0.5}{0.2}\right)^{0.25}\cdot l_{bi,d}=1.26l_{bi,d} \qquad (7\text{-}17)$$

式中符号意义同式(7-13)。

当采用当量长度法进行水力计算时，蒸汽网路中计算管段的总压降为

$$\Delta p=R(l+l_d)=Rl_{zh} \qquad (7\text{-}18)$$

式中　l_{zh}——管段的折算长度，m。

式中其他符号意义同前。

【例 7-2】　蒸汽网路中某一管段，通过流量 $G_t=4.0$ t/h，蒸汽平均密度 $\rho=4.0$ kg/m³。

(1)如选用 $\phi108×4$ 的管子，试计算其比摩阻 R 值。

(2)如要求控制比摩阻 R 值在 200 Pa/m 以下，试选用合适的管径。

【解】　(1)根据附表7-3，当 $G_t=4.0$ t/h，公称直径为 $DN100$ 时，$R_{bi}=2\ 342.2$ Pa/m；$v_{bi}=142$ m/s。

管段流过蒸汽的实际密度 $\rho_{sh}=4.0$ kg/m³，根据式(7-8)和式(7-9)进行修正，得出实际流速 v_{sh} 和实际的比摩阻 R_{sh} 值为

$$v_{sh}=\frac{\rho_{bi}}{\rho_{sh}} \cdot v_{bi}=\frac{1}{4} \times 142=35.5(\text{m/s})$$

$$R_{sh}=\frac{\rho_{bi}}{\rho_{sh}} \cdot R_{bi}=\frac{1}{4} \times 2\,342.2=585.6(\text{Pa/m})$$

(2)根据式(7-8)和式(7-9)及上述计算可知，在相同的蒸汽质量流量 G_t 和同一管径 d 条件下，流过蒸汽的密度越大，其比摩阻 R 及流速 v 值越小，成反比关系。因此，在蒸汽密度 $\rho=4.0$ kg/m³，要求控制的比摩阻 R 值在 200 Pa/m 以下时，因表中蒸汽密度为 $\rho=1.0$ kg/m³，则表中控制的比摩阻值，相应为 $200 \times (4/1)=800(\text{Pa/m})$ 以下。

根据附表7-3，设 $\rho=1.0$ kg/m³，控制比摩阻 R 值在 800 Pa/m 以下，选择合适的管径，得出应选用的管道的公称直径为 $DN125$，相应的比摩阻 R_{bi} 和实际流速 v_{bi} 值为

$$R_{bi}=723.2 \text{ Pa/m}; \quad v_{bi}=90.6 \text{ m/s}$$

最后，确定蒸汽密度 $\rho=4.0$ kg/m³ 时的实际比摩阻及流速值。

$$R_{sh}=\frac{\rho_{bi}}{\rho_{sh}} \cdot R_{bi}=\frac{1}{4} \times 723.2=180.8(\text{Pa/m})<200 \text{ Pa/m}$$

$$v_{sh}=\frac{\rho_{bi}}{\rho_{sh}} \cdot v_{bi}=\frac{1}{4} \times 90.6=22.65(\text{m/s})$$

二、蒸汽热网的水力计算方法和例题

蒸汽网路水力计算的方法与步骤如下。

(1)根据各热用户的计算流量确定蒸汽网路各管段的计算流量。各热用户的计算流量应根据各热用户的蒸汽参数及其计算热负荷，按下式确定：

$$G'_n=A\frac{Q'_n}{r} \tag{7-19}$$

式中　G'_n——热用户的计算流量，t/h；

　　　Q'_n——热用户的计算热负荷，通常可用 GJ/h、MW 或 Mkcal/h 表示；

　　　r——用汽压力下的汽化潜热，kJ/kg 或 kcal/kg；

　　　A——采用不同计算单位的系数，见表7-5。

表7-5　采用不同计算单位的系数 A

采用的计算单位	Q'_n——GJ/h=10^9 J/h r——kJ/kg	Q'_n——MW=10^6 W r——kJ/kg	Q'_n——10^6 kcal/h r——kcal/kg
A	1 000	3 600	1 000

蒸汽网路中各管段的计算流量是由该管段所负担的各热用户的计算流量之和来确定的。但对蒸汽管网的主干线管段，应根据具体情况，乘以各热用户的同时使用系数。

(2)确定蒸汽网路主干线和平均比摩阻。主干线应是从热源到某一热用户的平均比摩阻最小的一条管线。主干线的平均比摩阻，按下式求得：

$$R_{pj}=\frac{\Delta p}{\sum l(1+\alpha_j)} \tag{7-20}$$

式中 Δp——热网主干线始端与末端的蒸汽压力差，Pa；

$\sum l$——主干线长度，m；

α_j——局部阻力所占比例系数，可选用表 7-2 中的数值。

(3)进行主干线管段的水力计算。通常从热源出口的总管段开始进行水力计算。热源出口蒸汽的参数为已知，需先假设总管段的末端蒸汽压力，由此得出该管段蒸汽的平均密度 ρ_{pj}。

$$\rho_{pj} = \frac{\rho_s + \rho_m}{2} \tag{7-21}$$

式中 ρ_s、ρ_m——计算管段始端和末端的蒸汽密度，kg/m^3。

(4)根据该管段假设的蒸汽平均密度 ρ_{pj} 和按式(7-20)确定的平均比摩阻 R_{pj} 值，将此 R 值换算为蒸汽管路水力计算表 ρ_{bi} 条件下的平均比摩阻 $R_{bi,pj}$ 值。通常水力计算表采用 $\rho_{bi} = 1\ kg/m^3$，得：

$$\frac{R_{bi,pj}}{R_{pj}} = \frac{\rho_{pj}}{\rho_{bi}}$$

$$R_{bi,pj} = \rho_{pj} \cdot R_{pj} \tag{7-22}$$

(5)根据计算管段的计算流量和水力计算表 ρ_{bi} 条件下得出的 $R_{bi,pj}$ 值，按水力计算表选择蒸汽管道直径 d、比摩阻 R_{bi} 和蒸汽在管道内的流速 v_{bi}。

(6)根据该管段假设的平均密度 ρ_{pj}，将从水力计算表中得出的比摩阻 R_{bi} 和 v_{bi} 值，换算为在 ρ_{pj} 条件下的实际比摩阻 R_{sh} 和流速 v_{sh}。

$$R_{sh} = \frac{1}{\rho_{pj}} \cdot R_{bi} \tag{7-23}$$

$$v_{sh} = \frac{1}{\rho_{pj}} \cdot v_{bi} \tag{7-24}$$

蒸汽在管道内的最大允许流速，按《城镇供热管网设计标准》(CJJ/T 34—2022)的要求，不得大于下列规定：

过热蒸汽：公称直径>200 mm 时，蒸汽在管道内的最大允许流速为 80 m/s；
　　　　　公称直径≤200 mm 时，蒸汽在管道内的最大允许流速为 50 m/s。

饱和蒸汽：公称直径>200 mm 时，蒸汽在管道内的最大允许流速为 60 m/s；
　　　　　公称直径≤200 mm 时，蒸汽在管道内的最大允许流速为 35 m/s。

(7)按所选的管径，查附表 7-2 计算管段的局部阻力总当量长度 l_d，并按下式计算该管段的实际压力降：

$$\Delta p_{sh} = R_{sh}(l + l_d) \tag{7-25}$$

(8)根据该管段的始端压力和实际末端压力 $p'_m = p_s - \Delta p_{sh}$，确定该管段的蒸汽的实际平均密度 ρ'_{pj}。

$$\rho'_{pj} = \frac{\rho_s + \rho'_m}{2} \tag{7-26}$$

式中 ρ'_m——实际末端压力下的蒸汽密度，kg/m^3。

(9)验算该管段的蒸汽实际平均密度 ρ'_{pj} 与原假设的蒸汽平均密度 ρ_{pj} 是否相等。如两者相等或差别很小，则该管段的水力计算过程结束。如两者相差较大，则应重新假设 ρ_{pj}，然后按同样的计算方法和步骤进行计算，直到两者相等或差别很小为止。

（10）蒸汽管道分支线的水力计算。蒸汽网路主干线所有管段逐次进行水力计算后，以分支线与主干线节点处的蒸汽压力作为分支线的始端蒸汽压力，按主干线水力计算的方法和步骤进行分支线的水力计算，不再赘述。

【例 7-3】 某工厂区蒸汽供热管网，其平面布置如图 7-2 所示。锅炉出口的饱和蒸汽表压力为 10 bar。各用户系统所要求的蒸汽表压力及流量列于图 7-2 上。试进行蒸汽网路的水力计算。主干线不考虑同时使用系数。

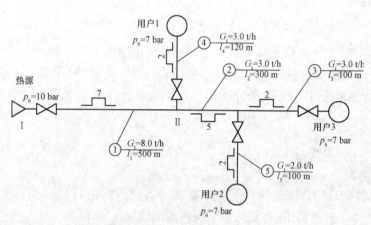

图 7-2　例 7-3 图

【解】 从锅炉出口到用户 3 的管线为主干线。根据式(7-20)得：

$$R_{pj} = \frac{\Delta p}{\sum l(1+\alpha_j)} = \frac{(10-7)\times 10^5}{(500+300+100)(1+0.8)} = 185.2 (\text{Pa/m})$$

式中，$\alpha_j = 0.8$，采用表 7-4 中的估算数值。

首先计算锅炉出口的管段 1。

（1）已知锅炉出口的蒸汽压力，进行管段 1 的水力计算。预先假设管段 1 末端的蒸汽压力。假设时，可按平均比摩阻，按比例给定末端蒸汽压力。如：

$$p_{m_1} = p_{s_1} - \frac{\Delta p}{\sum l_i} l_1 = 10 - \frac{10-7}{900} \times 500 = 8.33 (\text{bar})$$

将此假设的管段末端压力 p_m 值，列入表 7-6 的第 8 栏中。

（2）根据附表 7-4 管段始、末端的蒸汽压力，求出该管段假设的平均密度。

$$\rho_{pj} = \frac{\rho_s + \rho_m}{2} = (\rho_{11} + \rho_{9.33})/2 = (5.64 + 4.81)/2 = 5.225 (\text{kg/m}^3)$$

（3）根据式(7-22)，将平均比摩阻 R_{pj} 换算为水力计算表 $\rho_{bi} = 1$ kg/m³ 条件下的等效值。即

$$R_{bi,pj} = \rho_{pj} \cdot R_{pj} = 5.225 \times 185.2 = 968 (\text{Pa/m})$$

将 $R_{bi,pj}$ 值列入表 7-6 的第 10 栏内。

（4）根据 $R_{bi,pj}$ 的大致控制数值，利用附表 7-3，选择合适的管径。对管段 1：蒸汽流量 $G_t = 8.0$ t/h，选用管子的公称直径为 150 mm，相应的比摩阻及流速值为

$$R_{bi} = 1107.4 \text{ Pa/m}; \quad v_{bi} = 126 \text{ m/s}$$

将两值分别列入表 7-6 的第 11 栏和第 12 栏内。

表 7-6　室外高压蒸汽网路水力计算表（例 7-3）

管段编号	蒸汽流量 G/ (t·h⁻¹)	公称直径 /mm	管段长度/m			管段始端表压力 P_m /bar	假设管段末端表压力 P'_m /bar	假设蒸汽平均密度 ρ'_{pj}/ (kg·m⁻³)	$\rho_{pj}=1\ \mathrm{kg/m^3}$ 条件下			平均密度 ρ_{pj} 条件下					累计压力损失 $\Delta p=\sum \Delta'_{Psh}$ /bar
			实际长度 l	当量长度 l_d	折算长度 l_{zh}				比摩阻平均 $R_{a\cdot pj}$/ (Pa·m⁻¹)	比摩阻 R_a/(Pa·m⁻¹)	流速 v_a/ (m·s⁻¹)	比摩阻 R_{sh}/ (Pa·m⁻¹)	流速 v_{sh}/ (m·s⁻¹)	管段压力损失 Δ'_{Psh} /bar	管段末端表压力 P_m/ bar	实际平均密度 ρ'_{pj}/ (kg·m⁻³)	
1	2	3	4	5	6	7	8	9	10	11	12	13	14	15	16	17	18
主干线																	
1	8.0	150	500	166.8	666.8	10	8.33	5.225 / 5.285	968 / 979	1 107.4 / 1 107.4	126 / 126	211.9 / 209.5	24.1 / 23.81	1.41 / 1.40	8.59 / 8.60	5.285 / 5.29	
2	5.0	125	300	84.8	384.8	8.6	7.33	4.625 / 4.705	857 / 871	1 127 / 1 127	113 / 113	243.7 / 239.5	24.4 / 24.0	0.94 / 0.92	7.66 / 7.68	4.705 / 4.71	
3	3.0	100	100	46.3	146.3	7.68	7.0	4.32 / 4.375	800 / 810	1 313.2 / 1 313.2	106 / 103	304 / 300	24.5 / 24.21	0.44 / 0.44	7.24 / 7.24	4.375 / 4.375	
分支线																	
4	3.0	80	120	37.6	157.6	8.6	7.0	4.55	3 370	3 743.6 / 3 743.6	158 / 158	822.8	34.7	1.3	7.3	4.62	
5	2.0	80	100	37.6	137.6	7.68	7.0	4.62 / 4.32 / 4.355	3 422 / 1 632 / 1 645	1 666 / 1 666	105 / 105	810.3 / 385.6 / 382.5	34.2 / 24.31 / 24.1	1.28 / 0.53 / 0.53	7.32 / 7.15 / 7.15	4.625 / 4.355 / 4.355	

注：局部阻力当量长度：管段 2——1 个直流三通，5 个方形补偿器，1 个异径接头，$l_d=1.26\times(4.4+5\times12.5+0.44)\approx84.8\mathrm{(mm)}$；

管段 3——1 个直流三通，1 个异径接头，2 个方形补偿器，$l_d=1.26\times(3.3+0.33+13.5+2\times9.8)=46.3\mathrm{(mm)}$；

管段 5——同管段 4，$l_d=37.6\ \mathrm{mm}$

(5)根据上述数据，换算为实际假设条件 ρ_{sh} 下的比摩阻及流速值。根据式(7-23)和式(7-24)得：

$$R_{sh}=\frac{1}{\rho_{pj}}\cdot R_{bi}=\frac{1}{5.225}\times1\,107.4\approx211.9\,(\mathrm{Pa/m})$$

$$v_{sh}=\frac{1}{\rho_{pj}}\cdot v_{bi}=\frac{1}{5.225}\times126\approx24.1\,(\mathrm{m/s})$$

(6)根据选用的管径 $DN150$，按附表7-2，求出管段的当量长度 l_d 值及其折算长度 l_{zh} 值。

管段1的局部阻力组成有：1个截止阀、7个方形补偿器(锻压弯头)。查附表7-2得：

$$l_d=(24.6+7\times15.4)\times1.26\approx166.8\,(\mathrm{m})$$

管段1的折算长度：

$$l_{zh}=l+l_d=500+166.8=666.8\,(\mathrm{m})$$

将 l_d 及 l_{zh} 值分别列入表7-6的第5栏和第6栏中。

(7)求管段1在假设平均密度 ρ_{pj} 条件下的压力损失，将表7-6的第13栏与第6栏数值的乘积，列入第15栏中。

$$\Delta p_{sh}=R_{sh}l_{zh}=211.9\times666.8=141\,294.92\,(\mathrm{Pa})\approx1.41\,\mathrm{bar}$$

(8)求管段1末端的蒸汽表压力，其值列入表7-6的第16栏中。

$$p'_m=p_s-\Delta p_{sh}=10-1.41=8.59\,(\mathrm{bar})$$

(9)验算管段1的平均密度 ρ'_{pj} 是否与原先假定的平均蒸汽密度 ρ_{pj} 相符。根据式(7-26)得：

$$\rho'_{pj}=\frac{\rho_s+\rho'_m}{2}=(\rho'_{11}+\rho'_{9.59})/2=(5.64+4.93)/2=5.285\,(\mathrm{kg/m^3})$$

原假定的蒸汽平均密度 $\rho_{pj}=5.225\;\mathrm{kg/m^3}$，两者相差较大，需要重新计算。

重新计算时，通常都以计算得出的蒸汽平均密度 ρ'_{pj} 作为该管段的假设蒸汽平均密度 ρ_{pj}，列入表7-6中的第9栏上，再重复以上计算方法，一般重复一次或两次，就可满足 $\rho'_{pj}=\rho_{pj}$ 的计算要求。

管段1得出的计算结果，列在表7-6上。假设平均蒸汽密度 $\rho_{pj}=5.285\;\mathrm{kg/m^3}$，计算后的蒸汽平均密度 $\rho'_{pj}=5.29\;\mathrm{kg/m^3}$。两者相差很小，计算完成。

计算得管段1末端蒸汽表压力为 8.6 bar，以此值作为管段2的始端蒸汽表压力值，按上述计算方法和步骤进行其他管段的计算。

例7-3的主干线的水力计算结果见表7-6。用户3入口处的蒸汽表压力为 7.24 bar，稍有富余。

主干线水力计算完成后，即可进行分支线的水力计算。下面以通向用户1的分支线为例，进行水力计算。

(1)根据主干线的水力计算，主干线与分支线节点Ⅱ的蒸汽表压力为 8.6 bar，则分支线4的平均比摩阻为

$$R_{pj}=\frac{\Delta p}{\sum l(1+\alpha_j)}=\frac{(8.6-7.0)\times10^5}{120\times(1+0.8)}=740.7\,(\mathrm{Pa/m})$$

(2)根据分支管始、末端蒸汽压力，求假设的蒸汽平均密度：

$$\rho_{pj}=(\rho_{9.6}+\rho_{8.0})/2=(4.94+4.16)/2=4.55\,(\mathrm{kg/m^3})$$

(3)将平均比摩阻 R_{pj} 换算为水力计算表 $\rho_{bi}=1$ kg/m^3 条件下的等效值：

$$R_{bi \cdot pj}=\rho_{pj} \cdot R_{pj}=4.55 \times 740.7 \approx 3\ 370(Pa/m)$$

(4)根据 $R_{bi,pj}$ 的大致控制数值，利用附表7-3，选择合适的管径。蒸汽流量 $G_4=3.0$ t/h，选用管径 $DN80$，相应的比摩阻及流速为

$$R_{bi}=3\ 743.6\ Pa/m; \quad v_{bi}=158\ m/s$$

(5)换算到在实际假设条件 ρ_{sh} 下的比摩阻及流速值为

$$R_{sh}=\frac{1}{\rho_{pj}} \cdot R_{bi}=\frac{1}{4.55} \times 3\ 743.6 \approx 822.8(Pa/m)$$

$$v_{sh}=\frac{1}{\rho_{pj}} \cdot v_{bi}=\frac{1}{4.55} \times 158=34.7(m/s)$$

(6)计算管段4的当量长度及折算长度。管段4的局部阻力的组成：1个截止阀、1个三通分流、2个方形补偿器。

当量长度 $l_d=1.26 \times (10.2+3.82+2 \times 7.9) \approx 37.6(m)$

折算长度 $l_{zh}=l+l_d=120+37.6=157.6(m)$

(7)求管段4的压力损失。

$$\Delta p_{sh}=R_{sh}l_{zh}=822.8 \times 157.6=129\ 673.28(Pa) \approx 1.3\ bar$$

(8)求管段4末端的蒸汽表压力。

$$p'_m=p_s-\Delta p_{sh}=8.6-1.3=7.3(bar)$$

(9)验算管段4的平均密度 ρ'_{pj} 是否与原先假定的平均蒸汽密度 ρ_{pj} 相符。根据式(7-37)得：

$$\rho'_{pj}=\frac{\rho_s+\rho'_m}{2}=(\rho'_{9.8}+\rho'_{8.3})/2=(4.94+4.3)/2=4.62(kg/m^3)$$

原假定的蒸汽平均密度 $\rho_{pj}=4.55$ kg/m^3，两者相差较大，需重新计算。再次计算结果列入表7-6中。最后求得到达用户1的蒸汽表压力为7.32 bar，满足使用要求。通向用户2分支管线的管段5的水力计算，见表7-6。用户2处蒸汽表压力为7.15 bar，满足使用要求。

任务四　热水网路水压图

一、热水网路水压图

水压图可以清晰地表示管网和用户各点的压力大小和分布状况，是分析研究管网压力状况的有力工具。流体在管道中流动时能量会有所损耗，这种损耗具体表现为流体的压力损失，在流体管段上则具体表现为不同断面上的流体压力值不同。

水压图绘制的理论基础是流体力学中恒定流实际液体总流的能量方程——伯努利方程。如图7-3所示，当流体流过某一管段时，根据伯努利方程可以列出1—1断面和2—2断面之间的能量方程。

$$Z_1+\frac{p_1}{\rho g}+\alpha_1 \frac{v_1^2}{2g}=Z_2+\frac{p_2}{\rho g}+\alpha_2 \frac{v_2^2}{2g}+\Delta H_{1-2} \tag{7-27}$$

式中　Z_1、Z_2——断面1、2处管中心线至基准面(0—0)的垂直高度，m；

p_1、p_2——断面1、2处的压力，Pa；

v_1、v_2——断面1、2处的断面平均流速，m/s；

ρ——流体的密度，kg/m³；

g——自由落体的重力加速度，m/s²；

ΔH_{1-2}——断面1、2间的水头损失，mH₂O；

α_1、α_2——断面1、2处的动能修正系数，可取 $\alpha_1=\alpha_2=1$。

图7-3中，AB线称为总水头线，表示管段上相应各断面处流体的总水头值（总压力值）；Z称为位置水头，表示流体在该断面相对于基准面（0—0）处的位置高度；$p/(\rho g)$称为压力能水头，表示流体在断面处的位置高度Z时对管壁的静压力（以 m 为单位）；$v^2/(2g)$称为动能水头，表示流体在流速v下流动引起的动能。其中，各项都表示一段高度，以 m 为单位。

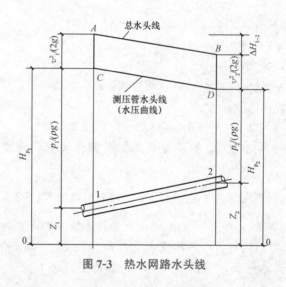

图7-3　热水网路水头线

图7-3中，顺次连接图中1、2两点间各点的总水头高度可得到1、2断面间的总水头线AB，AB是一条下降的斜直线，可用位置水头、压强水头、流速水头三项之和表示。断面1处的总水头值为H_A，则

$$H_A=\frac{p_1}{\rho g}+Z_1+\alpha_1\frac{v_1^2}{2g} \tag{7-28}$$

同理，
$$H_B=\frac{p_2}{\rho g}+Z_2+\alpha_2\frac{v_2^2}{2g} \tag{7-29}$$

ΔH_{1-2}则表示水流过管段1、2间总水头的差值，即水头损失

$$\Delta H_{1-2}=H_A-H_B$$

管网中任意一点的测压管水头高度，就是该点距离基准面（0—0）处的位置高度Z与该点的测压管水头高度$p/(\rho g)$之和。连接1、2两点间各点的测压管水头高度，可得到1、2断面的测压管水头线CD，将测压管水头线CD成为1、2断面间的水压曲线。绘制热水网络水压图的实质就是将管路中各点的测压管水头顺次连接起来就可得到热水网路的水压曲线。

使用测压管水头线可以很方便地对管道中的流体压力进行分析：

（1）根据测压管水头线和各断面位置高度 Z，可计算各断面流体的压力水头：$\dfrac{p}{\rho g} = H - Z$，代表该处压力表上的读数。

（2）根据测压管水头线便可以算出管段断面之间的压力损失：$\Delta H = H_C - H_D = \left(Z_1 + \dfrac{p_1}{\rho g}\right) - \left(Z_2 + \dfrac{p_2}{\rho g}\right)$。

（3）根据测压管水头线，可以直接确定管段上各个断面上的流体的总水头值 H（指对于流速较低，可以忽略动能水头的情况）。

二、绘制水压图的方法

在设计阶段绘制水压图，就是要分析管网中各点的压力分布是否合理，是否能够安全可靠地运行。利用水压图可以正确决定各用户与热网的连接方式及自动调节措施，检查管网水力计算是否正确，选定的平均比摩阻是否合理。对于地形复杂的大型管网，通过水压图还可以分析是否需要设加压泵站，以及确定加压泵的位置和数量。

绘制水压图时，室外热水网路的压力状况应满足以下基本要求：

（1）与室外热水网路直接连接的用户系统内的压力不允许超过该用户系统的承压能力。如果用户系统使用常用的柱形铸铁散热器，其承压能力一般为 0.4 MPa。在系统的管道、阀件和散热器中，底层散热器承受的压力最大，因此作用在该用户系统底层散热器上的压力，无论在管网运行还是停止运行时，都不允许超过底层散热器的承压能力，一般为 0.4 MPa。

（2）与室外热水网路直接连接的用户系统，应保证系统始终充满水，不出现倒空现象。无论同路运行还是停止运行时，用户系统回水管出口处的压力必须高于用户系统的充水高度，以免倒空吸入空气腐蚀管道，破坏正常运行。

（3）室外高温水网路和高温水用户内，水温超过 100 ℃ 的地方，热媒压力必须高于该温度下的汽化压力，而且还应留有 30～50 kPa 的富裕值。如果高温水用户系统内最高点的水不汽化，那么其他点的水就不会汽化，不同水温下的汽化压力见表 7-7。

表 7-7　不同水温下的汽化压力表

水温/℃	100	110	120	130	140	150
汽化压力/mH₂O	0	4.6	10.3	17.6	26.9	38.6
注：1 mH₂O=10 kPa						

（4）室外管网任何一点的压力都至少比大气压力高出 5 mH₂O，以免吸入空气。

（5）在用户的引入口处，供水管、回水管之间应有足够的资用压差。各用户引入口的资用压差取决于用户与外网的连接方式，应在水力计算的基础上确定各用户所需的资用压力。用户引入口的资用压差与连接方式有关，以下数值可供选用参考：

①与网路直接连接的供暖系统，为 10～20 kPa（1～2 mH₂O）；

②与网路直接连接的暖风机供暖系统或大型的散热器供暖系统，为 20～50 kPa（2～5 mH₂O）；

③与网路采用水喷射器直接连接的供暖系统，为 80～120 kPa(8～12 mH₂O)；

④与网路直接连接的热计量供暖系统约为 50 kPa(5 mH₂O)；

⑤与网路采用水—水换热器间接连接的用户系统，为 30～80 kPa(3～8 mH₂O)；

⑥设置混合水泵的热力站，网路供水管、回水管的预留资用压差值应等于热力站后二级网路及用户系统的设计压力损失值之和。

三、用户与热网的连接形式

绘制完热水网路的水压图后，就可以分析确定用户与热网的连接形式。根据已绘制的水压图，先分析如下：

知识拓展：水压图绘制

(1)用户Ⅰ：该用户为规模较大的高温热水采暖系统。根据水压图可知，静压线高度可以保证用户Ⅰ不汽化也不超压，而且入口处回水管的测压管水头也不超压。入口处供回水管的压差为 $59.97-36.43=23.54$(m)，可采用简单的直接连接。但用户所需资用压头为 5 mH₂O，则要求供水测压管水头为 $36.43+5=41.43$(m)。剩余压头为 $59.97-41.43=18.54$(m)，应在供水管上设置调压板或调节阀，消除剩余压头，如图 7-4(a)所示。

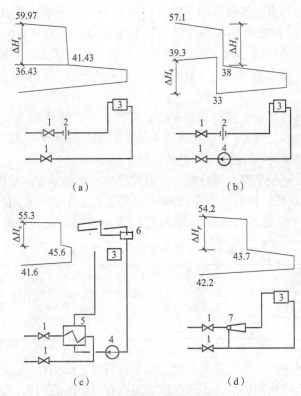

图 7-4　用户与管网连接方式及其水压线

1—阀门；2—调压板；3—散热器；4—水泵；5—水加热器；6—膨胀水箱；7—水喷射器

(2)用户Ⅱ：该用户也是高温热水采暖系统。静压线高度可保证系统最高点不汽化或不超压，但该用户所处地势低，入口处回水管的压力为 $39.3-(-4)=43.3$(m)，即 433 kPa，已超过一般铸铁散热器的工作压力(400 kPa)，故不能采用简单的直接连接方式。应采用供水管节流降压，回水管上设置水泵的连接方式，如图 7-4(b)所示。为此需要按以下步骤进行：

①先定一个安全的回水压力，回水管测压水头最高应不超过 40－4＝36(m)，如定为 33(m)；

②如用户所需资用压力为 5 mH₂O，则供水测压管水头应为 33＋5＝38(m)，供水管节流压降后应为 57.1－38＝19.1(m)；

③入口处回水管测压管水头为 39.3 m，故需要设置水泵加压才能将用户回水压入外网回水管。水泵扬程应为 39.3－33＝6.3(mH₂O)。这是一种特殊情况，事实上很不经济，应尽量避免。因为热网供回水提供资用压差不仅未被利用，反而要节流消耗掉，又要在回水管上装水泵。

(3)用户Ⅲ：该用户为高层建筑低温热水采暖系统。由于静压线和回水动压线均低于系统充水高度，不能保证用户系统始终充满水或不倒空。因而应采用设表面式水加热器的间接连接方式，将用户系统与室外管网隔绝，如图 7-4(c)所示。由图 7-5 可知，回水管测压管水头为 41.1 m，用户资用压头为 5 m，则要求供水管测压管水头为 46.1 m，供水管节流压降后为 55.3－46.1＝9.2(m)。但应注意，该用户静水压力为 450 kPa，必须采用承压能力高的散热器。此外，可以不采用间接连接方式，而采用混水器或混合水泵的直接连接方式，但必须采取防止系统倒空的措施。有一种比较简便的方法，只要在用户引入口的回水管上安装阀前压力调节器或压力保持器等设备，就能保证用户系统充满水，并不会倒空。

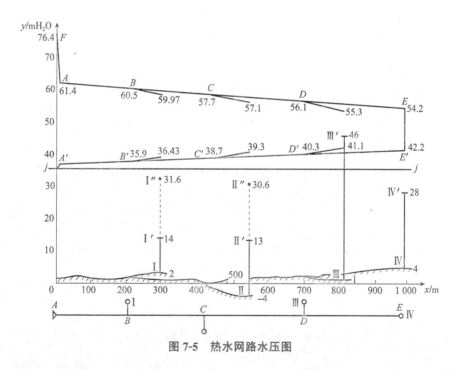

图 7-5　热水网路水压图

(4)用户Ⅳ：该用户为低温水采暖系统，阻力为 1.5 mH₂O。管网提供的资用压头为 12 mH₂O，可采用混水器的直接连接，如图 7-4(d)所示。混水器出口测压管水头为 42.2＋1.5＝43.7(m)。混水器本身的消耗降压为 54.2－43.7＝10.5(m)。

思考与练习

1. 热水热网的水力计算已知条件要有哪些?
2. 简述热水热网的水力计算方法及步骤。
3. 绘制水压图时室外热水网路的压力状况应满足哪些基本要求?

项目八　供热管线的敷设和构造

任务一　供热管网的布置

一、供热管网的平面布置形式

在集中供热系统中，供热管道把热媒从热源输送到热用户，它是连接热源和热用户的桥梁。供热管道遍布于整个供热区域，分布形状如同一个网络，所以工程上常把供热管道的总体称为供热管网，也称热力管网。供热管网的类别很多。按管网的形式分为枝状管网(图 8-1)和环状管网(图 8-2)。根据热媒的不同，供热管网又分为热水管网和蒸汽管网。热水管网多为双管式，既有供水管，又有回水管，供水、回水管并行敷设。蒸汽管网分为单管式、双管式和多管式。单管式只有供汽管，没有凝结水管；双管式既有供汽管，又有凝结水管；多管式的供汽管和凝结水管均在一根以上，按热媒压力等级的不同分别输送。为了满足环保和节能方面的要求，目前在大中城市普遍采用一级管网和二级管网联合供热。一级管网是连接热源与区域换热站的管网，又称为输送管网；二级管网以换热站为起点把热媒输送到各个热用户的热力引入口处，又称为分配管网。

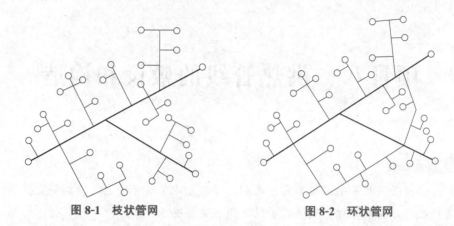

图 8-1　枝状管网　　　　　　　　　图 8-2　环状管网

枝状管网和环状管网是热力管网最常见的两种形式。在采用多热源联网供热的情况下，一级管网可布置成环状。二级管网基本上都是枝状管网。枝状管网形式简单，造价低，运行管理比较方便。它的管径随着和热源距离的增加而减小。其缺点是没有供热的后备性能，当管路上某处发生故障时，在损坏地点以后的所有用户供热均被切断。环状管网的主要优点是具有后备性能，但它的钢材耗量比枝状管网大。

实际情况下，如果设计合理，施工到位，操作维修正确，热网均能够无故障地运行。故在一般情况下均采用枝状管网。

对供热系统的可靠性要求特别严格时，如某些化工企业，在任何情况下都不允许中断供汽，除可以利用环状管网外，更多的是采用复线的枝状管网。即采用两根供汽管道，每一根供汽管道的输送能力按最大用汽量的 50%～75% 来设计。这样，一旦发生事故，只需提高蒸汽的初压就能使通过一根管道的汽量仍保持所需汽量的 90%～100%。

二、供热管网的平面布置原则

供热管网设计过程中，首先要确定热源和用户之间的管道走向和平面位置，即所谓管道定线。定线是一项重要而且需要一定经验的工作，要根据城市或厂区的总平面图和地形图，供热区域的气象、水文和地质条件，地上、地下构筑物（如公路、铁路、地下管线、地下设施等），供热区域的发展规划等基础资料做全面考虑。具体来说，供热管线应按下述原则确定。

（1）经济上合理。供热管网的主干线尽量通过热负荷集中的地区，力求管线短而直。管路上设置必要的阀门（分段阀、分支管阀、放气阀、泄水阀等）和附件（补偿器、疏水器等）。

做地上敷设时，阀门应放在支架上，而地下敷设时，阀门应设置于检查井内。但应尽可能减少检查井的数量。尽量避免管线穿越铁路、交通主干道和繁华街道。如条件允许，可考虑供热管道和其他管道，如给水管线、煤气管线、电气管线等，共同敷设。这样做可降低市政建设总投资，方便管理和维修。

（2）技术上可靠。供热管网的线路要尽可能地通过地势平坦、土质好、地下水水位低的地区，同时要考虑能迅速消除可能发生的故障与事故，并考虑维修人员工作的安全性、施工安装的可行性等因素。

在城市居住区，供热管道通常敷设在平行于街道及绿化带的工程管路区内，只有在极特殊情况下才可把供热管道敷设在人行道和车行道下面。

尽量使地下管道远离电力电缆以及涝洼区和污染区，以减少管道腐蚀。供热管道在敷设过程中将与其他管道(给水、排水、煤气管道等)、电缆(电力电缆、通信电缆等)、各种构筑物发生交叉和并行的现象，为确保管线安全敷设，避免或减少相互间的影响和危害，地下敷设管道的管沟或检查井的外缘，直埋敷设或地上敷设管道的保温结构表面与建筑物、构筑物、铁路、道路电缆、架空电线和其他管道的最小水平净距应符合相关规定。

(3)注意对周围环境的影响。要求敷设好的供热管道不能影响环境美观，与各种市政设施相互协调，不妨碍市政设施的功用。

当然，在实际设计和施工过程中，不可能把所有影响因素均加以考虑，但要尽可能抓住关键影响因素。定线的原则一经确定，就可以开始施工平面图的绘制。在平面图上要标出管线的走向、管道相对于永久性建筑物的位置和管道预定的敷设方式。然后根据负荷计算选定各计算管段的管道直径，确定固定支架、补偿器、阀门和检查井的位置和型号。

任务二　室内采暖管道的敷设与安装

一、室内采暖管道的敷设

室内采暖管路敷设方式分为明装和暗装两种。管道沿墙、梁、柱外直接敷设称为明装；管道隐蔽敷设称为暗装。除在对美观装饰方面有较高要求的房间内采用暗装外，一般均采用明装，如一般民用建筑、公共建筑及工业厂房。对剧院、礼堂、展览馆、宾馆，以及某些有特殊要求的建筑物可采用暗装。采用暗装的敷设方式会使室内美观，但造价高，维修困难。

1. 干管的布置

在上供下回式采暖系统中，供水干管设在建筑物顶部的设备层内或吊顶内。要求不高的建筑物可敷设在顶层的天花板下。在吊顶内敷设干管时，为了节省管道，一般在房屋宽度 $b<10$ m 且立管数较少的情况下，可在吊顶的中间布置一根干管；如房屋宽度 $b>10$ m 或吊顶中有通风装置时，则用两根干管沿外墙布置(图 8-3)。为了便于安装和检修，吊顶中干管与外墙的距离不应小于 1.0 m。水平干管要有正确的坡度、坡向，应在供暖管道的最高点设置放气装置，在最低点设置泄水装置。

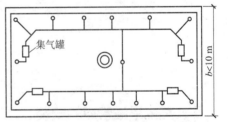

图 8-3　在吊顶内敷设干管(机械循环)

回水干管或凝水干管一般敷设在地下室顶板之下或底层地面以下的地沟内。室内管沟一般为半通行地沟或不通行地沟，其净高度一般为 1.0~1.2 m，净宽度不小于 0.6 m。为了检修方便，地沟应设有活动盖板或检修人孔，沟底应有 1‰~2‰ 的坡度，并在最低点设置集水井。

明装敷设在房间地面上的回水干管或凝结水管道过门时，需要设置过门地沟或门上绕行管道，便于排气和泄水。热水采暖系统可按图 8-4 处理，此时应注意坡度以便于排气。蒸汽采暖系统必须设置空气绕行管，可按图 8-5 处理。

2. 立管的布置

明装立管可布置在房间窗间墙或房间的墙角处，对于有两面外墙的房间，由于两面外墙的交接处温度最低，极易结露冻结，因此在房屋的外墙转角处应设置立管。楼梯间中的采暖管路和散热器冻结的可能性较大，因此，楼梯间的立管尽量单独设置，以防冻结后影响其他立管的正常采暖。

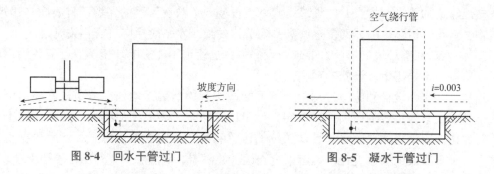

图 8-4　回水干管过门　　　　　　　　图 8-5　凝水干管过门

立管暗装在管道竖井内时，要求在沟槽内部应抹灰，沟槽、管井应每层用隔板隔开，以减少沟槽、管井中空气对流而导致立管热散失。此外，每层还应设检修门供维修之用。

3. 支管的布置

支管的布置与散热器的位置及进水口和出水口的位置有关，进水口、出水口可以布置在同侧，也可以在异侧，如图 8-6 所示。

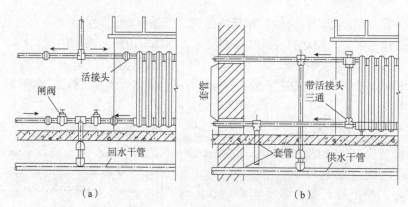

图 8-6　支管与散热器的连接形式
(a)一般连接形式；(b)跨越管连接

二、室内采暖管道的安装

室内采暖管道的安装一般按热力入口→干管→立管→支管的施工顺序进行。工艺流程：安装准备→管道预制加工→支架安装→干管安装→立管安装→支管安装→试压→冲洗→防腐→保温→调试。

1. 室内采暖管道安装的基本技术要求

(1)采暖管道的材料及设备规格、型号应符合设计要求：$DN < 32$ mm 的普通钢管(支管)采用丝接方式，宜采用配套的管件；$DN > 32$ mm 的管道(干管)，宜采用焊接连接方式。所有管道接口，不得置于墙体内或楼板内。

(2)补偿器的型号、固定支架的构造及安装位置应符合设计要求。

(3)管道和散热器等设备安装前，必须认真清除内部污物，安装中断或完毕后，管道敞口处应适当封闭，防止进入杂物堵塞管道；管道穿越基础、墙和楼板应配合土建预留孔洞。

（4）水平管道的坡度：热水采暖及汽水同向的蒸汽和凝结水管，坡度一般为 3‰，但不得小于 2‰；汽水逆向的蒸汽管道，坡度不得小于 5‰。

（5）在安装过程中，如遇多种管道交叉，可根据管道的规格、性质和用途确定避让原则，见表 8-1。

（6）管道穿越内墙及穿越楼板时应加套管，套管应固定在结构中。穿内墙的套管，两端应与墙壁饰面齐平，管道穿越楼板时应加装钢套管，其底面应与楼板平齐，顶端高出楼层地面 20 mm（卫生间内应高出 30 mm），套管比管子大 1″～2″，其间隙应均匀填塞柔性材料。

表 8-1　管道交叉时的避让原则

避让管	不让管	理由
小管	大管	小管绕弯容易，且造价低
压力流管	重力流管	重力流管改变坡度和流向对流动影响较大
冷水管	热水管	热水管绕弯要考虑排气、放水等
给水管	排水管	排水管径大，且水中杂质多，受坡度限制严格
低压管	高压管	高压管造价高，且强度要求也高
气压管	水管	水流动的动力消耗大
水管阀件少的管	水管阀件多的管	考虑安装操作与维护等多种因素
金属管	非金属管	金属管易弯曲、切割和连接
一般管道	通风管	通风管体积大，绕弯困难

2. 总管及入口装置的安装

（1）总管安装。室内采暖总管以入口阀门为界，由供水（汽）总管和回水（凝结水）总管组成，一般通过地沟并行引入室内，入口处应设置检查小室，并采用活动盖板以便检修。下分式系统总管可敷设于地下室、楼板下或地沟内，上分式系统可将总管由总立管引至顶层屋面下安装。若总管穿入前已试压合格，则防腐保温工作也可以在穿入前完成，以免因场地狭窄、操作不便而影响施工。

（2）总立管的安装。总立管可在竖井内敷设或明装。一般由下而上穿过预留洞安装，楼层间立管连接的焊口应置于便于焊接的高度；安装一层总立管，应立即以立管卡或角钢 U 形管卡固定，以保证管道的稳定及以下各层配管量尺的准确；立管顶部如分为两个水平分支干管时应用羊角弯连接，并用固定支架予以固定，如图 8-7 所示。

（3）采暖系统的入口装置。采暖系统的入口装置是指室内外供热管道连接的部位，设有压力表、温度计、循环管、旁通阀和泄水阀等。当采暖管道穿过基础、墙或楼板时，应按规定尺寸预留孔洞。热水采暖系统的入口装置如图 8-8 所示。

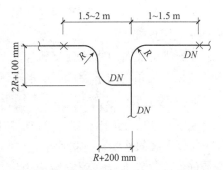

图 8-7　总立管顶部与分支干管的连接

3. 采暖干管的安装

干管安装标高、坡度应符合设计要求。敷设在地沟内、管廊内、设备层内、屋顶内的采暖干管应做成保温管，明装于顶板下、楼层吊顶内、拖地明装于一层地面上的干管，可为不保温干管。

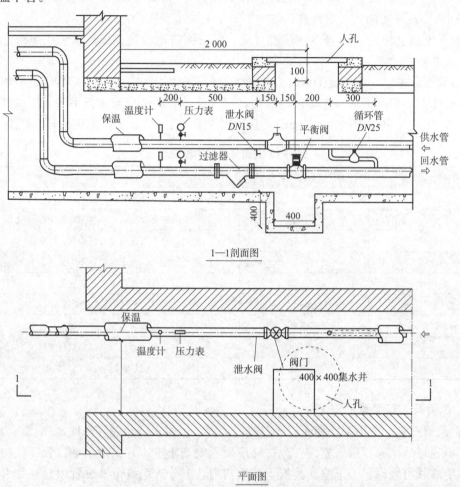

图 8-8　热水采暖系统的入口装置(单位：mm)

干管安装的程序：管子调直→刷防锈漆→管子定位放线→安装支架→管子地面组装→调整→上架连接。

干管做分支时，水平分支管应用羊角弯；上端干管与立管的连接，如图 8-9 所示；地沟、屋顶、吊顶内的干管，不经水压试验合格验收，不得进行保温及隐蔽。

4. 采暖立管的安装

立管穿楼层应预留孔洞，自顶层向底层吊通线，在后墙上弹画出立管安装的垂直中心线作为立管安装的基线；在立管垂直中心线上，确定立管卡的安装位置(距地面 1.5～1.8 m)，安装好各层立管卡；立管安装应由底层到顶层逐层安装，每安装一层，切记穿入钢套管，立管安装完毕，应将各层钢套管内填塞石棉绳或油麻，并封堵好孔洞，使套管固定牢固。随即用立管卡将管子调整固定于立管中心线上。

采暖立管与干管的连接：干管上焊接短螺纹管头，以便于立管螺纹连接。在热水系统中，当立管总长小于等于 15 m 时，应采用 2 个弯头连接；立管总长大于 15 m 时，应采用 3 个弯头连接，如图 8-10 所示。蒸汽供暖时，立管总长小于等于 12 m 时，应采用 2 个弯头连接；立管总长大于 12 m 时，应采用 3 个弯头连接。从地沟内接出的采暖立管应用 2～3 个弯头连接，并在立管的垂直底部安装泄水装置，如图 8-11 所示。

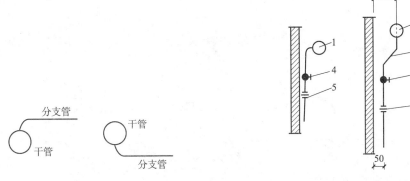

图 8-9　干管与立管的连接

图 8-10　立管与上端干管的连接(单位：mm)
1—蒸汽管；2—热水管；3—乙字弯；4—阀门；5—活节

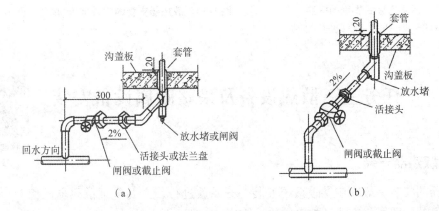

（a）　　　　　　　　　　（b）

图 8-11　地沟内干管与立管的连接形式
(a)地沟内干管与立管连接；(b)在 400×400 管沟内干立管连接

5. 散热器支管的安装

散热器支管的安装应在散热器安装完毕，并经稳固、校正合格后进行。支管与散热器安装形式有单侧连接、双侧连接两类。散热器支管的安装必须具有良好坡度。供水(汽)管、回水支管与散热器的连接均应是可拆卸连接。采用支管与散热器连接时，对半暗装散热器应用直管段连接，对明装和全暗装散热器应用弯头配制的弯管连接；采用弯管连接时，弯管中心距离散热器边缘尺寸不宜超过 150 mm。

(1)单管顺流式支管的安装，供暖支管从散热器上部单侧或双侧接入，回水支管从散热器下部接出，并在底层散热器支管上装阀。

(2)跨越管的散热器支管的安装，局部散热器支管上安装有跨越管的安装形式，用于局部散热器热流量的调节，该支管安装形式应用较少。

(3)水平串联式支管的安装如图 8-12 所示，供暖管从散热器下部接入，回水管从下部接出，依次串联安装。

(4)蒸汽采暖散热器支管的安装。蒸汽采暖散热器支管的安装特点是在供汽支管上安装截止阀，在回水支管上安装疏水器。其连接形式分为单侧连接和双侧连接两种，散热器支管的安装坡度如图 8-13 所示。

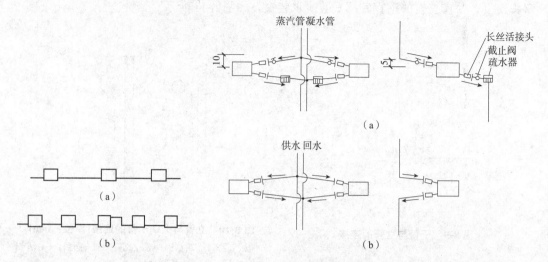

图 8-12　水平串联式支管的安装
(a)一般形式的安装；(b)中部伸缩补偿式安装

图 8-13　散热器支管的安装坡度(单位：mm)
(a)蒸汽支管；(b)热水支管

任务三　散热设备及采暖附属设备安装

散热器的施工
安装

一、散热器安装

散热器的安装一般应在供暖系统安装一开始就进行，主要包括散热器的组对、单组水压试验、安装、跑风门安装、支管安装、刷漆。

(1)散热器的组对。散热器的组对材料有对丝、汽包垫、丝堵和补芯。

铸铁散热器在组对前，应先检查外观是否有破损、砂眼，规格型号是否符合图样要求等。然后把散热片内部清理干净，并用钢刷将对口处丝扣内的铁锈刷净，正扣向上，依次码放整齐。

散热片通过钥匙用对丝组合而成；散热器与管道连接处通过补心连接；散热器不与管道连接的端部，用散热器丝堵堵住。落地安装的柱形散热器，应由中片和足片组对，14 片以下两端装带足片，15～24 片装三个带足片，中间的足片应置于散热器正中间。

(2)单组水压试验。散热器试压时，用工作压力的 1.5 倍试压，试压不合格的须重新组对，直至合格。单组试压装置如图 8-14 所示，试验压力见表 8-2。试压时直接升压至试验压力，稳压 2～3 min，逐个接口进行外观检查，不渗不漏即为合格，渗漏者应标出渗漏位置，拆卸重新组对，再次试压。

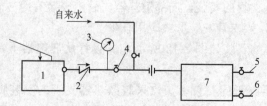

图 8-14　散热器单组试压装置
1—手压泵；2—单向阀；3—压力表；4—截止阀；5—放气阀；6—放水管；7—散热器组

表 8-2　散热器的试验压力　　　　　　　　　　　　　　　　　　MPa

散热器型号	柱形、翼型		扁管		板式	串片	
工作压力	≤0.25	>0.25	≤0.25	>0.25	—	≤0.25	>0.25
试验压力	0.4	0.6	0.75	0.8	0.75	0.4	1.4

散热器单组试压合格后，可以对散热器进行表面除锈，刷一道防锈漆，刷一道银粉漆。

柱形、辐射对流散热片组对时用短钥匙，长翼型散热片组对时用长钥匙(长度为 400～500 mm)。组对应在木制组对架上进行。

(3)散热器的安装。散热器的安装应在土建内墙抹灰及地面施工完成后进行，安装前应按图样提供位置在墙上画线、打眼，并把做过防腐处理的托钩安装固实。

同一房间内的散热器的安装高度要一致，挂好散热器后，再安装与散热器连接的支管。

二、暖风机安装

暖风机是由吸风口、风机、空气加热器和送风口组成的热风供暖设备。暖风机分为轴流式和离心式两种，如图 8-15、图 8-16 所示。

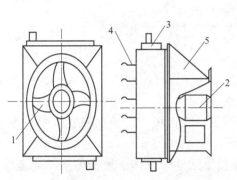

图 8-15　NC 型轴流式暖风机
1—轴流式风机；2—电动机；3—加热器；
4—百叶窗；5—支架

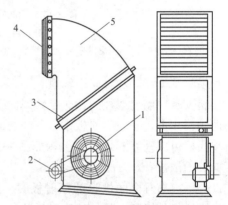

图 8-16　NBL 型离心式暖风机
1—离心式风机；2—电动机；3—加热器；
4—倒流叶片；5—外壳

轴流式暖风机体积小，结构简单，安装方便，但它送出的热风气流射程短，出口风速低。轴流式暖风机一般悬挂或支架在墙上或柱子上。大型暖风机安装时用地脚螺栓固定于地面基础上，小型暖风机一般悬挂在墙面和柱子上。

离心式暖风机由叶轮、外壳、进出风口，电机等部分组成，其特点是风量大、压力高、密闭静音效果好。

三、辐射散热器安装

钢制辐射板作为散热设备，以辐射传热为主，可安装于高大的工业厂房、大空间的民用建筑，如商场、体育馆、展览厅、车站等。

钢制辐射板的特点是采用薄钢板及小管径和小管距。薄钢板的厚度一般为 0.5～1.0 mm，加热盘管通常为水煤气钢管，管径为 $DN15$、$DN20$、$DN25$；保温材料为蛭石、珍珠岩、岩棉、泡沫石棉等。

辐射板的背面处理：可以在背板内填散状保温材料（块状或毡状保温材料）做保温处理，也可在背面做不保温处理。

钢制块状辐射板构造简单，加工方便，便于就地生产，在同样的放热情况下，它的耗金属量可比铸铁散热器供暖系统节省50％左右。钢制辐射板安装如图8-17所示。

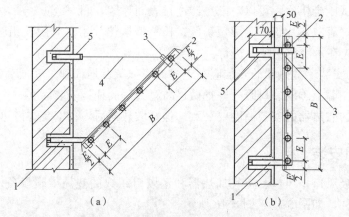

图 8-17　钢制辐射板安装（单位：mm）

(a)倾斜安装；(b)垂直安装

1—扁钢托架；2—管卡；3—带帽螺栓；4—吊杆；5—扁钢吊架

如果水平安装，热量向下辐射。

倾斜安装在墙上或柱间，热量倾斜向下方辐射，如图8-17(a)所示。采用时应注意选择合适的倾斜角度，一般应使板中心的法线通过工作区。

单面板可以垂直安装在墙上，如图8-17(b)所示；双面板可以垂直安装在两个柱子之间，向两面散热。

此外，在布置全面供暖的辐射板时，应尽量使生活地带或作业地带的辐射热量均匀，并应适当增加外墙和大门处的辐射板数量。

四、附属设备安装

1. 排气装置安装

在热水采暖系统中，排气装置用于排出管道、散热设备中的不凝性气体，以免形成空气塞，堵塞管道，破坏水循环，造成系统局部不热。

(1)集气罐安装。集气罐用直径100～250 mm的钢管制成，有立式和卧式两种，如图8-18所示。集气罐顶部连有直径为15 mm的放气管，管子的另一端引到附近卫生器具上方，并在管子末端设置阀门定期排除空气。安装集气罐时应注意：集气罐应设于系统末端最高处，并使供水干管逆坡，以利于排气。

(2)自动排气阀安装。自动排气阀是靠阀体内的启闭机构自动排除空气的装置。它安装方便，体积小巧，可避免人工操作管理的麻烦，在热水采暖系统中被广泛采用。

自动排气阀常会因水中污物堵塞而失灵，需要拆下清洗或更换，因此，排气阀前应装一个截止阀，此阀常年开启，只在排气阀失灵需检修时，才临时关闭。图8-19所示为ZPT-C型自动排气阀。

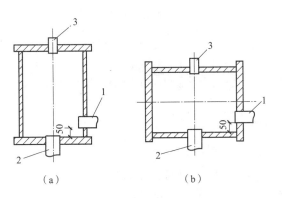

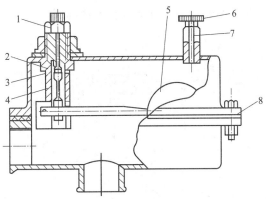

图 8-18　集气罐(单位：mm)

(a)立式集气罐；(b)卧式集气罐

1—进水口；2—出水口；3—放气管

图 8-19　ZPT-C 型自动排气阀

1—排气芯；2—阀芯；3—橡胶封头；4—滑动杆；

5—浮球；6—手拧顶针；7—手动排气座；8—垫片

2. 疏水器安装

在螺纹连接的管道系统中安装疏水器时，组装的疏水器两端应装有活接头，进口端应装有过滤器，以定期清除寄存的污物，保证疏水阀孔不被堵塞；当凝结水不需回收而直接排放时，疏水器后可不设截止阀；疏水器前应设放气管，排放空气或不凝性气体，以减少系统内气体堵塞现象；当疏水器管道水平敷设时，管道应设坡向疏水器，以防止发生水击现象。疏水器的安装如图 8-20、图 8-21 所示。

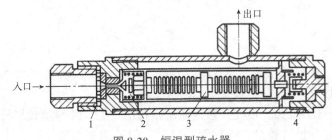

图 8-20　恒温型疏水器

1—过滤网；2—锥形阀；3—波纹管；4—校正螺钉

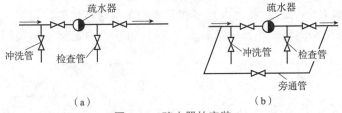

图 8-21　疏水器的安装

(a)不带旁通管水平安装；(b)带旁通管水平安装

3. 除污器的安装

除污器的作用是截留管网中的污物和杂质，以防造成管路堵塞，一般安装在用户入口的供水管道上或循环水泵之前的回水总管上。

除污器的构造如图 8-22 所示，其为圆筒形钢制筒体，有卧式和立式两种。除污器的安装形式如图 8-23 所示。安装时，除污器应有单独支架(支座)支承。除污器的进出口管道上应装压力表，旁通管上应装旁通阀。

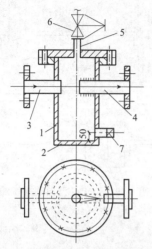

图 8-22　除污器的构造(单位：mm)

1—筒体；2—底板；3—进水管；4—出水管；

5—排气管；6—阀门；7—排污丝堵

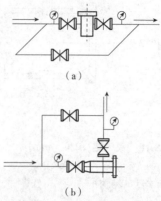

图 8-23　除污器的安装形式

(a)直通式；(b)角通式

任务四　室外供暖管道的敷设与安装

一、地上敷设

地上敷设是指管道敷设在地面上或附墙支架上的敷设方式。按照支架的高度不同，地上敷设形式可分为以下三种。

(1)低支架敷设(图 8-24)。低支架敷设通常是指沿着工厂的围墙或平行于公路或铁路敷设。这种敷设方式建设投资较少，维护管理容易，但适用范围较小，在不妨碍交通、不影响厂区扩建的场合，可采用低支架敷设。为了避免雨雪的侵袭，低支架敷设时供热管道保温结构底部距地面净高不得小于 0.3 m。

(2)中支架敷设(图 8-25)。在行人繁多和非机动车辆通行地段，可采用中支架敷设。中支架敷设时管道保温结构底部距地面净高为 2.0～4.0 m。中支架一般采用钢筋混凝土浇筑(或预制)或钢结构。

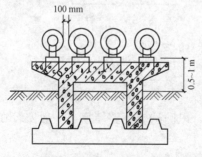

图 8-24　低支架敷设示意

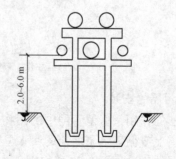

图 8-25　中、高支架敷设示意

(3)高支架敷设(图8-25)。高支架敷设时管道保温结构底部距地面净高为4 m以上，一般为4.0～6.0 m。这种方式在跨越公路、铁路或其他障碍物时采用。高支架通常采用钢结构或钢筋混凝土结构。

地上敷设的管道不受地下水的侵蚀，使用寿命长，管道坡度易于保证，所需的放水、排气设备少，可使用工作可靠、构造简单的方形补偿器，且土方量小，维护管理方便，但其占地面积大，管道热损失大，不够美观。

📖 知识链接

在下列情况下，应首先考虑架空敷设的方式：

(1)城市的郊外和工厂厂区。

(2)管道所经之处地形复杂，如有河流、丘陵、高山、峡谷、溶洞等或铁路密集处。地处山区的热力管道应注意地形特点，因地制宜地布置管线，并应注意避免滑坡和洪峰口对管线的影响。对于这类管道一般采用沿山坡或道路低支架、中支架布置(靠山坡一侧)且采用阶梯形布置。

跨越河流或冲沟时，宜采用沿桥或栈桥、悬索布置或采用拱形管道布置，但应使管道的底标高高于最高洪水位。

(3)地处湿陷性黄土层或腐蚀性大的土壤，或为永久性冻土区。

(4)地下水水位高或年降雨量较大的地区。

(5)地下管道纵横交错、稠密复杂，难以再敷设热力管道。

(6)管道敷设处有架空敷设的燃气、化工工艺管道等，可考虑与热力管道共架敷设。

(7)地上敷设的城市热力网管道可与其他管道敷设在同一管架上，但应便于检修，且不得架设在腐蚀性介质管道的下方。

(8)城市街道上和居住区内的热力网管道宜采用地下敷设。当地下敷设困难时，争得规划部门的同意可采用地上敷设，但设计时应注意美观。

(9)当管道公称直径 $DN < 500$ mm 时，可沿建筑物外墙敷设。

二、地下敷设

地下敷设不影响市容和交通，因此，地下敷设是城镇集中供热管道广泛采用的敷设方式。

1. 地沟敷设

地沟是地下敷设管道的围护构筑物。地沟的作用是承受土压力和地面荷载并防止水的侵入。

地沟分砌筑式、装配式和整体式等类型。砌筑地沟采用砖、石或大型砌体砌筑墙体，配合钢筋混凝土预制盖板。装配式地沟一般用钢筋混凝土预制构件现场装配，施工速度较快。整体式地沟用钢筋混凝土现场灌注而成，防水性能较好。地沟的横截面常做成矩形或拱形。

地沟根据地沟内人行通道的设置情况，分为通行地沟、半通行地沟和不通行地沟。

(1)通行地沟。在通行地沟内，工作人员可自由通过，并能保证检修、更换管道和设备等作业。其土方工程量大，建设投资高，仅在特殊或必要场合采用，可用在无论任何时候维修管道时都不允许挖开地面的管段。通行地沟人行通道的高度不低于 1.8 m，宽度不小于 0.6 m，如图 8-26 所示。为便于运行管理人员出入和安全，通行地沟应设事故人孔。装有蒸汽管道的通行地沟，不大于 100 m 应设一个事故人孔。无蒸汽管道的通行地沟，不大于 400 m 设一个事故人孔。对整体混凝土结构的通行地沟，每隔 200 m 宜设一个安装孔，以便检修、更换管道。

通行地沟应设置自然通风或机械通风，以保证检修时地沟内温度不超过 40 ℃。另外，运行时地沟内温度也不宜超过 50 ℃，管道应有良好的保温措施，地沟内应装有照明设施，照明电压不得高于 36 V。

（2）半通行地沟。半通行地沟（图 8-27）净高不小于 1.4 m，人行通道宽度不小于 0.5 m。操作人员可以在半通行地沟内检查管道和进行小型修理工作，但更换管道等大修工作仍需挖开地面进行。当无条件采用通行地沟时，可采用半通行地沟代替，以利于管道维修和判断故障地点，缩小大修时的开挖范围。半通行地沟敷设的有关尺寸见表 8-3。

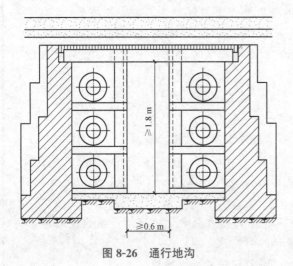

图 8-26　通行地沟　　　　　　　　图 8-27　半通行地沟

表 8-3　地沟敷设有关尺寸　　　　　　　　　　　　　　　　　　　　　　m

地沟类型	地沟净高	人行通道宽	管道保温表面与沟壁净距	管道保温表面与沟顶净距	管道保温表面与沟底净距	管道保温表面间净距
通行地沟	≥1.8	≥0.6	0.1~0.15	0.2~0.3	0.1~0.2	≥0.15
半通行地沟	≥1.4	≥0.5	0.1~0.15	0.2~0.3	0.1~0.2	≥0.15
不通行地沟			0.15	0.05~0.3	0.1~0.3	0.2~0.3

（3）不通行地沟。如图 8-28 所示，设不通行地沟时，人员不能在地沟内通行，其断面尺寸根据管道施工安装要求来确定，见表 8-3。管道的中心距离应根据管道上阀门或附件的法兰盘外缘之间的最小操作净距离要求确定；当沟宽超过 1.5 m 时，可考虑采用双槽地沟。不通行地沟的造价低，占地较小，

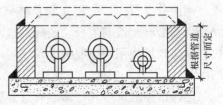

图 8-28　不通行地沟

是城镇供热管道经常采用的地沟敷设形式。其缺点是检修管道时必须挖开地面。

供热管道地沟内积水时，极易破坏保温结构，增大散热损失，腐蚀管道，缩短使用寿命。为防止地面水渗入，地沟壁内表面宜用放水砂浆粉刷。地沟盖板之间、地沟盖板与地沟壁之间要用水泥砂浆或沥青封缝。地沟盖板横向应有 0.01～0.02 的坡度；地沟底应有纵向坡度，其坡向与供热坡向一致，不宜小于 0.002，以便渗入地沟内的水流入检查室的集水坑内，然后用水泵抽出。如地下水水位高于沟底，应考虑采用更可靠的放水措施，甚至采用在地沟外面排水来降低地下水水位的措施。常用的放水措施是在地沟壁外表面敷以防水层。防水层用沥青粘贴数层油毛毡并外涂沥青或在外面再增加砖护墙。

2. 无沟敷设

无沟敷设是指供热管道直接敷设于土壤中的敷设形式。在热水供热管网中，无沟敷设在国内外已得到广泛的应用。目前，采用最多的形式是供热管道、保温层和保护外壳三者紧密黏结在一起，形成整体式的预制保温管结构形式(图 8-29)。

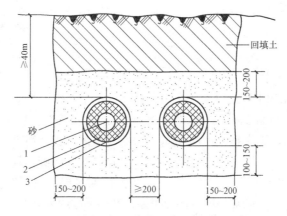

图 8-29　预制保温管直埋敷设(单位：mm)
1—钢管；2—硬质聚氨酯泡沫塑料保温层；3—高密度聚乙烯保护外壳

预制保温管供热管道的保温层，多采用硬质聚氨酯泡沫塑料作为保温材料。它是由多元醇和异氰酸酯两种液体混合发泡固化形成的。硬质聚氨酯泡沫塑料的密度小，导热系数低，保温性能好，吸水性小，并具有足够的机械强度，但耐热温度较低。根据国内标准要求：其密度为 60～80 kg/m³，导热系数 $\lambda \leqslant 0.033$ W/(m・℃)，抗压强度 $p \geqslant 300$ kPa，吸水性≤10%，耐热温度不超过 130 ℃。

施工安装时，在管道沟槽底部要预先铺 100～150 mm 的粗砂砾，管道四周填充砂砾，顶部填砂高度为 150～200 mm，之后再回填原土并夯实。整体式预制保温管直埋敷设与地沟敷设相比有如下特点。

(1)不需要砌筑地沟，土方量级土建工程量减小，管道可以预制，现场安装工程量减少，施工进度快，可节省供热管管网的投资费用。

(2)占地面积小，易与其他地下管道的设施相协调。

(3)整体式预制保温管严密性好，水难以从保温材料与钢管之间渗入，管道不易腐蚀。

(4)预制保温管受到土壤摩擦力的约束，这使得预制保温管可以实现无补偿直埋敷设方式。在管网直管道上可以不设置补偿器和固定支座，从而可简化系统，节省投资。

（5）聚氨酯保温材料导热系数小，供热管道的散热损失小于地沟敷设。

（6）预计保温管结构简单，采用工厂预制，易于保证工程质量。

任务五　管道支座

管道支座是直接支撑管道并承受管道作用力的管路附件。它的作用是支撑管道和限制管道位移。管道支座承受管道重力和由内压力、外载和温度变化引起的作用力，并将这些荷载传递到建筑结构或地面的管道构件上。根据管道支座对管道位移的限制情况，其可分为活动支座和固定支座。

一、活动支座

活动支座是允许管道和支撑结构有相对位移的管道支座。活动支座按其构造和功能可分为滑动、滚动、悬吊、弹簧和导向等形式。

供热管道支架　　供热管道支架
的定位　　　　施工安装

1. 滑动支座

滑动支座由安装（采用卡固或焊接方式）在管子上的钢制管托与下面的支撑结构构成。它承受管道的垂直荷载，允许管道在水平方向发生滑动位移。滑动支座根据管托横截面的形状，有曲面槽式滑动支座（图 8-30）、丁字托式滑动支座（图 8-31）和弧形板式滑动支座（图 8-32）等。前两种形式，管道由支座托住，滑动面低于保温层，保温层不会受到损坏。弧形板式滑动支座的滑动面直接附在管道壁上，因此，安装支座时要去掉保温层，但管道安装位置可以低一些。管托与支撑结构间的摩擦，通常是钢与钢的摩擦，摩擦系数约为 0.3。为了降低摩擦力，有时在管托下放置减摩材料，如聚四氟乙烯塑料等，可使摩擦系数降低到 0.1 以下。

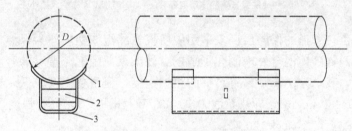

图 8-30　曲面槽式滑动支座

1—弧形板；2—肋板；3—曲面槽

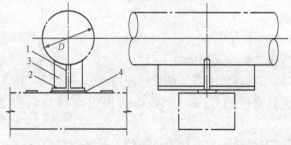

图 8-31　丁字托式滑动支座

1—顶板；2—底板；3—侧板；4—支承板

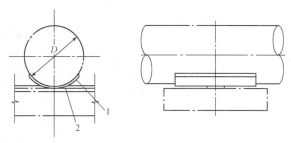

图 8-32　弧形板式滑动支座

1—弧形板；2—支承板

2. 滚动支座

滚动支座由安装在管子上的钢制管托与设置在支撑结构上的辊轴、滚柱或滚珠盘等部件构成。

辊轴式（图 8-33）和滚柱式（图 8-34）滚动支座，管道发生轴向位移时，管托与滚动部件间的摩擦为滚动摩擦，摩擦系数在 0.1 以下；但管道发生横向位移时其间的摩擦仍为滑动摩擦。滚珠盘式滚动支座，管道水平各向移动均产生滚动摩擦。

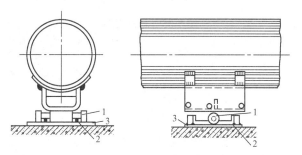

图 8-33　辊轴式滚动支座

1—辊轴；2—导向板；3—支承板

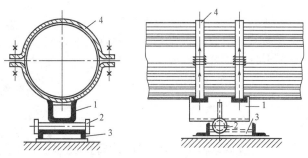

图 8-34　滚柱式滚动支座

1—槽板；2—滚柱；3—槽钢支承座；4—管箍

滚动支座需进行必要的维护，使滚动部件保持正常状态，一般只用在架空敷设的管道上。滚动支座利用滚柱或辊轴的转动来减小管道滑动时的摩擦力，这样可以减小支承结构的尺寸。地沟敷设的管道不宜使用这种支座，这是因为滚动支座的滚柱或辊轴在潮湿环境内会很快腐蚀而不能转动，反而变成了滑动支座。

3. 悬吊支架

悬吊支架常用在室内供热管道上。管道用抱箍/吊杆等杆件悬吊在承力结构下面。图8-35所示为几种常见的悬吊支架。悬吊支架构造简单，管道伸缩阻力小；管道位移时吊杆摇动，因各支架吊杆摆动幅度不一，难以保证管道轴线成为一条直线，因此，管道热补偿需用不受管道弯曲变形影响的补偿器。

悬吊支架的
安装动画

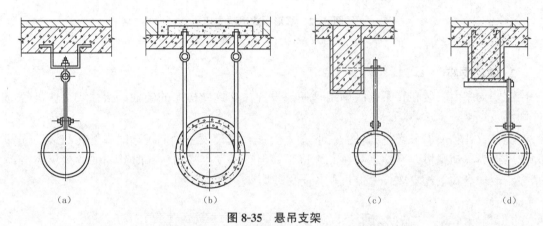

图 8-35　悬吊支架

(a)可在纵向及横向移动；(b)只能在纵向移动；(c)焊接在钢筋混凝土构件里埋置的预埋件上；(d)箍在钢筋混凝土梁上

4. 弹簧支座

弹簧支座的构造一般由在滑动支座、滚动支座的管托下或在悬吊支架的构件中加弹簧构成(图8-36)。其特点是允许管道水平移动，并可适应管道的垂直位移，使支座(架)承受的管道垂直荷载变化不大。它常用于管道有较大的垂直位移处，以防止管道脱离支座，致使相邻支座和相应管段受力过大。

5. 导向支座

导向支座只允许管道轴线伸缩，限制管道的横向位移。其构造通常是在滑动支座或滚动支座沿管道轴向的管托两侧设置导向挡板。导向支座的主要作用是防止管道纵向失稳，保证补偿器的正常工作。

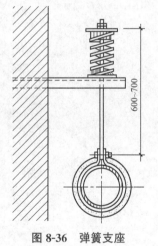

图 8-36　弹簧支座

二、固定支座

固定支座是不允许管道和支撑结构有相对位移的管道支座。它的主要作用是将管道划分成若干补偿管道，分别进行热补偿，从而保证补偿器的正常工作。

最常用的金属结构的固定支座，有卡环固定支座、焊接角钢固定支座、曲面槽固定支座(图8-37)和挡板式固定支座(图8-38)等。前三种承受的轴向推力较小，通常不超过 50 kN；固定支座承受的轴向推力超过 50 kN 时，多采用挡板式固定支座。

在无沟敷设或不通行地沟中，固定支座也可做成钢筋混凝土固定墩的形式。图8-39所示为直埋敷设所采用的一种固定墩形式：管道从固定墩上部的立板穿过，在管子上焊有卡板来进行固定。

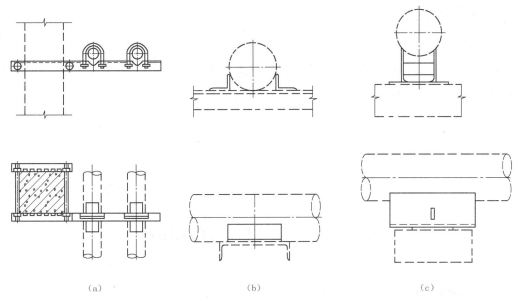

图 8-37　几种金属结构的固定支座

(a)卡环固定支座；(b)焊接角钢固定支座；(c)曲面槽固定支座

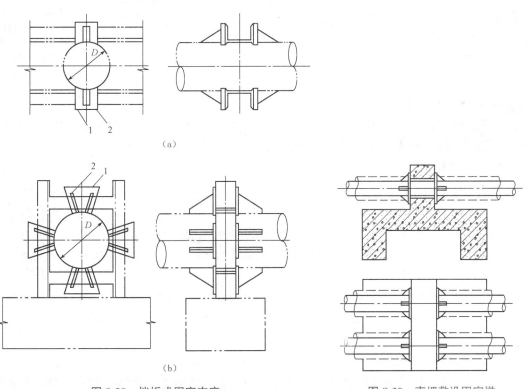

图 8-38　挡板式固定支座

(a)双面挡板式固定支座；(b)四面挡板式固定支座

1—挡板；2—肋板

图 8-39　直埋敷设固定墩

固定支座是供热管道中的主要受力构件，应按上述要求设置。为了节约投资，应尽可能加大固定支座间距，减少其数目，但固定支座的间距应满足下列要求。

(1)管道的热伸长量不得超过补偿器所允许的补偿量。

(2)管道因膨胀和其他作用而产生的推力，不得超过固定支座所能承受的允许推力。

(3)不应使管道产生纵向弯曲。

任务六　管道防腐和保温

一、管道除锈

除锈是对金属管道在涂刷防锈涂料前进行处理的一道重要工序，其作用是清除管道表面的灰尘、污垢、锈斑、焊渣等杂物，以便使涂刷的防腐涂料能牢固地黏附在管道表面上，达到防腐的目的。除锈的方法有手工除锈、机械除锈和化学除锈，管道经除锈处理后应能见到金属光泽。

知识拓展：供热管道的检查室设计检查平台

1. 手工除锈

手工除锈通常是用钢丝刷、铁纱布、锉刀及刮刀将金属表面的铁锈、氧化皮、铸砂等除去，并用蘸有汽油的棉纱擦干净，露出金属光泽。

手工除锈强度大，环境欠佳，效率低，质量也不理想，但除锈工具简单，操作方便，对于工程量小的管材或设备表面，手工除锈仍被广泛采用。

2. 机械除锈

机械除锈一般采用自制的工具，对批量管材进行集中除锈工作，常采用喷砂法或机动钢丝刷。

喷砂法采用压力为 0.35~0.5 MPa，并已除去油和水之后的压缩空气，将粒径为 1~2 mm 的石英砂(或干河砂、海砂)喷射在物体表面上，靠砂子的冲击力撞击金属表面，去掉锈层、氧化皮等杂物。

供热管道的除锈

机动钢丝刷除锈，一般是采用自制的刷锈机刷去管子表面的锈层、污垢等，除锈时可将圆形钢丝刷装在机架上，将钢管卡在有轨道的小车上，移动管子进行除锈，也可用手提式砂轮机除锈。

3. 化学除锈

化学除锈常用酸洗方法将锈及氧化物等除掉。钢、铁的酸洗可用硫酸或盐酸，铜和铜合金及其他有色金属的酸洗常用硝酸。

金属表面经过除锈处理后，应呈现出均匀一致的金属光泽，不应有金属氧化物或其他附着物，金属表面不应有油污和斑点，处理后的管材应处于干燥状态，并不得再被其他物质污染。经除锈并已检查合格的管材，应尽早喷涂底漆，以免受潮重新生锈。

二、管道防腐

1. 涂料防腐

涂料可分为油基漆和树脂基漆两类。涂料被涂在物体表面，经过固化而形成薄涂层，从而保护设备、管道和金属结构等表面免受化工、大气，以及酸、碱等介质的腐蚀作用。涂料防腐具有涂料品种多、选择范围广、适应性强、使用方便、价格低等特点。

供热管道的防腐

涂料的耐腐蚀性能是指漆膜与被保护金属物体表面的覆盖性能。在实际施工中，尤其是大面积施工或难施工的部位，由于涂层较薄，较难形成完整无孔的漆膜，同时再生产过程中也不可避免地会撞伤漆膜，在温差变化较大时，易引起漆膜开裂。所以，涂料在强腐蚀性介质、高温及受较大冲击、振动和摩擦作用的场合受到一定的限制。

（1）涂覆方法。涂覆方法主要有手工涂刷法、喷涂法和浸涂法三种。

①手工涂刷法：是最常用的涂漆方法。这种方法可用刷子、刮刀、砂纸等简单工具进行施工，但施工质量取决于操作者的熟练程度，工效较低。

②喷涂法：是用喷枪将涂料喷成雾状液，在被涂物面上分散沉积的一种涂覆法。它的优点是工效高，施工简易，涂膜分散均匀且平整光滑，但涂料的利用率低，施工中必须采取良好的通风措施和安全预防措施。喷涂法一般适于干燥快的涂料。

③浸涂法：是将被涂物件浸于盛漆的容器中浸渍一定时间后提起烘干。其特点是设备简单，生产效率高，操作简易，适用于小型零件和内外表面的涂覆，一般不适用于干燥快的涂料，容易产生不均匀的漆膜表面。

（2）防腐涂料。防腐涂料分为底漆和面漆两种。先用底漆打底，再用面漆罩面。

防锈漆和底漆都能防锈。它们的区别：底漆的颜料较多，可以打磨，漆料着重于其对物面的附着力，而防锈漆其漆料偏重于满足耐水、耐碱等性能的要求。防锈漆一般分为钢铁表面的防锈漆和有色金属表面的防锈漆两种。底漆在涂层中不但能增强涂料与金属表面的附着力，而且也有一定的防腐蚀作用。常用的防腐涂料有生漆、酚醛树脂漆、沥青漆等。

2. 喷镀

金属喷镀中有喷铝、喷钢、喷铜等。喷镀工艺有粉末喷镀法和金属丝喷镀法。常用的是金属丝喷镀法。

在有润滑剂的情况下，喷镀后的金属同原金属相比有较好的耐磨性，摩擦系数要提高 $5\%\sim10\%$。在碳钢设备上喷铝、锌等能有效地防止某些腐蚀性介质的腐蚀和高温氧化。

三、供热管道的保温

保温结构一般由保温层和保护层两部分组成。保温层主要由保温材料组成，具有保温绝热的作用；保护层主要保护保温层不受风、雨、雪的侵蚀和破坏，同时可以防潮、防水、防腐，延长管道的使用年限。管道保温常采用以下方法。

集中供热系统管道的保温动画

（1）涂抹法保温。采用涂抹法保温所用材料是石棉灰、石棉硅藻土。具体做法：先在管子上缠以草绳，再将石棉灰调和成糊状抹在草绳外面。这种方法因施工慢，保温性能差，已逐步被淘汰。

（2）预制法保温。在工厂或预制厂将保温材料制成扇形、梯形、半圆形，或制成管壳，然后将其捆扎在管子外面，可以用铁丝扎紧。这种预制法施工简单，保温效果好，是目前使用比较广泛的一种保温做法。

（3）缠绕式保温。缠绕式保温是用绳状或货片状的保温材料缠绕捆扎在管道或设备上形成保温层的保温方法，用石棉绳、石棉布、纤维类保温毡等作保温材料时都采用此施工方法。其特点是操作方便，便于拆卸，用纤维类（如岩绵、矿渣棉、玻璃棉）保温毡进行管道保温，在管道工程上应用较多。

（4）填充式保温。填充式保温是将松散粒状或纤维保温材料如矿渣棉、玻璃棉等充填于管道周围的特制外套或铁丝网中，或直接充填于地沟内或无沟敷设的槽内。这种保温方法造价低，保温效果好。

（5）浇灌式保温。浇灌式保温适用于不通行地沟或直埋敷设的热力管道的保温。具体做法是把配好的原料注入钢制的模具内，在管外直接发泡成型。

（6）喷涂式保温。喷涂式保温是利用喷涂设备，将保温材料喷射到管道、设备表面形成保温层的保温方法。无机保温材料（膨胀珍珠岩、膨胀蛭石、颗粒状石棉等）和泡沫塑料等有机保温材料均可用喷涂法施工。这种方法的特点是施工效率高，保温层整体性好。

特 别 提 醒

供热管道保护层的作用主要是防止保温层的机械损伤和水分浸入，有时它还兼起美化保温结构外观的作用。保护层是保温结构性能和寿命的重要保障，需具有足够的机械强度和必要的防水性能。

任务七　采暖系统的运行管理与维护

采暖系统是冬季寒冷地区建筑物必备的采暖设施。采暖系统的运行管理与维护是物业设备管理的内容之一，其目的是使建筑物在采暖期内能正常采暖，为人们提供一个舒适的生活、学习和工作环境。

一、采暖系统的试运行与调试

（一）室外热力管网的运行

室外热力管网有地上架空敷设和地下敷设两大类，其运行管理工作有如下要求。

1. 巡线检查

（1）架空敷设管道巡线检查。架空敷设管道巡线检查的内容如下：

①管网支撑、吊架是否稳固、完好。

②管网保温层和保护层是否完好。

③管网连接部位是否严密。

④管网的疏水装置是否正常、良好。

⑤管网中的阀门和压力表是否工作正常。

（2）地下管线巡线检查。地下管线巡线检查的内容如下：

①地沟和检查井是否完好，是否不受地下水的侵蚀。

②管网保温层、保护层是否完好。

③阀门、补偿器是否处于正常工作状态。

2. 室外热力管道经常性的维护工作

（1）定期排气。

（2）定期排污。

（3）定期润滑阀杆，使阀门始终处于易开易关状态。

（二）用户供暖系统的运行

直线连接的用户引入口上的阀门，安装调节后绝不能擅自再动，最好将热力入口处的阀门封闭起来并上锁。运行期间供水、回水干管之间旁通管上的阀门应关好。

对于设喷射器连接的热力入口，应注意喷射器前后压力表的指示值是否符合要求。

用减压阀连接的热力入口，运行期间除注意减压阀前后的压力外，还应检查减压阀后安全阀是否正常。安全阀如果失灵就有可能损坏系统中的散热器。

疏水器是蒸汽供暖系统的关键设备之一，在运行中应经常检查，出现故障时应及时排除。一般疏水器每工作 1 500～2 000 h 就要进行一次检修。

用户供暖系统还应定期排气，注意防冻。

（三）供暖系统的停止运行

1. 供暖系统的放水

当供暖系统停止运行后，可在锅炉放水的同时，让锅炉房内部管路放水，然后放室外管网的水，最后放用户供暖系统中的水。

放水后，用清水对各部分管网进行冲洗，放水和冲洗时，应先打开管网中的排气阀，并将管网中所有阀门打开。放水和冲洗后，应关好所有的排气阀和放水阀，其余阀门的开关应依据管网保养方法决定。

放水冲洗时应注意，不要将水排入地沟和检查井内，或倒流到建筑物的基础下。

放水后，系统中所有的容器、水泵、除污器等，都要进行人工清洗，除去所有脏物。冲洗后，管网的所有缺陷应做上记号，并记入技术档案。

2. 供暖系统的保养

对热水管网通常采用充水保养，蒸汽管网有条件的也应采取充水保养。

当采用空管保养时，放水和冲洗应特别仔细，任何部位均不应留有积水，所有阀门应关严。

系统中的各种容器冲洗干净后，应让其自然干燥，一段时间后，除去内、外表面上残留的旧漆，按规定重新涂刷保护漆保护。

二、采暖系统的常见故障与处理

1. 采暖管道的泄漏

采暖管道压力过大、腐蚀、外力及人为等因素，会使室外管道及附件产生破裂和渗漏，这是供暖系统常见的故障。一旦发现故障，首先要关闭泄漏处前后的上水与下水的阀门，然后排泄掉管道内的存水，更换破损的管道或附件，再开启阀门，运行系统。

2. 采暖管道的堵塞

采暖管道堵塞造成室内外采暖管道及室内散热器不热，是采暖系统常见的技术故障，具体主要有以下几种故障。

(1)气堵。在热水供热系统中，气堵表现为上层散热器不热。一旦管道中存留空气，将会把这段管道的流通断面堵塞，严重时可能形成气塞，使部分管道中的水停止流动，散热器不能散热。在蒸汽供热系统中，凝水管中若存有空气，凝水就不能顺利返回，影响系统的正常运行。一般处理方法是准确确定集气的位置，打开放气阀放出空气。

(2)栓塞。栓塞是由于管道及水质所产生的污垢沉淀造成管道堵塞，减少了管道的热媒流量，使系统出现不热的故障。一般处理方法是开启除污器，冲刷管道污垢或人工清掏污垢，使采暖管道畅通。

(3)冻结。发现冻结要及时处理，否则，容易使管道或散热器冻胀而破裂。冻结的主要处理方法是用火烤化冻结的管道或更换冻结的管道。

3. 上层散热器过热，下层散热器不热

造成上层散热器过热、下层散热器不热故障的原因是采暖系统产生垂直水力失调，导致上层散热器的热媒流量过多，而下层散热器的热媒流量过少，此时应关小上层散热器支管上的阀门，开大下层散热器支管上的阀门。

4. 上层散热器不热

出现上层散热器不热故障的原因是上层散热器保存空气，此时应及时排出散热器中的空气；另一种原因是上层散热器缺水，这时应启动补给水泵给采暖系统补水。

5. 各立管上散热器的温差太大

造成各立管上散热器的温差太大故障的原因是采暖系统产生水平水力失调，导致部分立管热媒流量过大，而另一部分立管热媒流量过小。此时应将温度高的散热器的立管阀门关小，同时将温度低的散热器的立管阀门开大。

6. 一组散热器中单片散热器片不热

一组散热器中单片散热器片不热的故障一般出现在支管同侧进出散热器的末端散热片上。一种原因是末端散热片存有空气，导致部分或整片不热，此时应及时排出散热片中的空气；另一种原因是散热片下部出水口被系统中的杂质或污物堵塞，导致水在散热片中不循环，这时应拆下散热器的丝堵，进行疏通并排出杂质和污物。

三、采暖系统的维护管理

1. 室外管网的维护

应定期检查室外管网并修复变形的管道支架；修复保温层，减少热量损失和防止管内

水冻结；防止管道中热应力和压力过大使管道破裂，如果出现管道破裂的情况，要及时关闭阀门，更换修复破损的管道，并及时排出地沟内的积水。

知识拓展：采暖系统的外观检查、压力试验和管路冲洗

要在必要处设置排污器，定期排出沉淀杂质，疏通管道，防止管道堵塞；管道内存有空气时也会产生断面堵塞，要定期检查排气设备，定期排气，排除气堵塞，使管网正常运行；在停热期要做好管道及附件设备的防腐处理，以延长供热系统的使用寿命。

2. 室内管网的维护

定期检查管道连接处，检查各种阀门和连接管件是否泄漏，若发现泄漏要及时关闭阀门，排出系统内的水，以便及时维修。

若发现室内管网局部不热，要考虑是否发生气堵或管内污垢堵塞，并及时排气和清垢，使系统正常工作。

要巡视并观察室内的温度变化，及时调节系统（分为集中调节、局部调节和个体调节），使用户散热设备的散热量与用户的热负荷变化相适应，防止室内温度过高或过低。

停热期间要做好暖气片的污垢清掏工作，为下一个采暖期做好准备。

3. 热源的维护

锅炉房是城镇供热系统的热源，是供热系统的中心，也是日常维护的重点；热力站是建筑小区的热源，它直接影响小区的采暖效果。

要制定锅炉房或热力站的各项规章制度，包括安全操作制度、水质处理制度、交换班制度等。

锅炉房内有锅炉本体和维护锅炉正常工作的各种设备，有运煤除渣、送引风、除尘、除氧、排污的水泵和阀门及各种电气仪表等设备，它们是锅炉房维护工作的重点，只有保养好这些设备，使其正常工作，整个供热系统才能正常运行。

热力站的各种附件包括水箱、循环水泵、除污器、压力表、温度表、安全阀、水位表和水位报警器等。这些部件日常维护的好坏关系到采暖系统的安全问题。要保持这些仪表、阀门的灵敏度，保障锅炉房内的给水与排水系统的通畅，做好水质的软化和除氧处理，以防止设备、管道结垢和腐蚀，保证锅炉热力站安全工作并延长其使用寿命，使供热系统更经济地运行。

4. 用户管理

用户管理是指对用户室内散热设备运行情况的检查、维护、采暖费用的收取，以及对用户设备使用的指导。其主要包括以下内容：

(1)用户家庭装修需要变动散热器的位置、数量或型号时，应取得物业管理人员的同意。

(2)物业管理公司的联系方式。

(3)指导用户如何采取保温措施、合理采暖，以达到节约能源的目的。

➤ 思考与练习

1. 供热管网的平面布置形式有哪些？

2. 供热管网的平面布置原则有哪些？

3. 室内采暖管道的敷设方式有哪些？

4. 采暖干管的安装程序是什么？

5. 散热器的安装一般包括哪些步骤？

6. 按照支架的高度不同，地上敷设形式可分为哪三种？

7. 整体式预制保温管直埋敷设与地沟敷设相比具有哪些特点？

8. 根据管道支座对管道位移的限制情况，其可分为哪几种？

9. 管道除锈的方法有哪些？

10. 供热管道的保温方法有哪些？

项目九　建筑燃气供应系统

知识目标

1. 了解燃气的种类，熟悉城市燃气管道的输配。
2. 了解室内燃气管道，掌握室内燃气管道的布置和敷设要求，了解燃气管道系统管材及附属设备。
3. 了解烟道的设置、安全常识。

能力目标

通过本项目的学习，结合燃气的分类，能进行室内燃气管道的布置和敷设。

素质目标

1. 要善于应变，善于预测，处事果断，能对实施项目进行决策。
2. 要尊贤爱才，宽容大度，善于组织，充分发挥每个人的才能。

任务一　燃气供应

燃气作为气体燃料，与固体、液体燃料相比，有许多优点：使用方便、燃烧完全，热效率高，燃烧温度高，易调节、控制；燃烧时没有灰渣，清洁卫生；可以利用管道和瓶装供应。在人们日常生活中采用燃气作为燃料，对改善人民的生活条件，减少空气污染和保护环境，都具有重大的意义。但燃气易引起燃烧或爆炸，火灾危险性较大。人工煤气具有强烈的毒性，容易引起中毒事故。所以，对于燃气设备及管道的设计、加工和敷设，都有严格的要求；同时必须加强维护和管理，防止漏气。

一、燃气的种类

燃气的种类很多。按照燃气来源及生产方式可将其分为天然气、人工煤气、液化石油气和沼气四大类。

1. 天然气

天然气是指在地下多孔地质构造中自然形成的烃类气体和蒸汽的混合气体，有时也含有一些杂质，常与石油伴生。天然气又可根据来源分为四类：从气田开采的气田气、随石油一起喷出的油田伴生气、含有石油轻质馏分的凝析气田气，以及从井下煤层抽出的矿井气。天然气的主要成分为甲烷，它比空气轻，无毒无味，但是极易与空气混合形成爆炸性混合物。当空气中含有 5%～15% 的天然气时，遇明火就会发生爆炸，供气部门在燃气中加入少量加臭剂（如四氢噻吩、乙硫醇等），泄漏量只要达到 1%，用户就会闻到臭味，以避免发生中毒或爆炸等事故。

2. 人工煤气

人工煤气是指由固体燃料或液体燃料加工所产生的可燃气体。人工煤气的主要成分一般为甲烷、氢和一氧化碳。根据制气和加工方式不同，可生产多种类型的人工煤气，主要有干馏煤气、气化煤气、油煤气和高炉煤气等。

（1）干馏煤气。固体燃料在干馏炉中进行干馏时所获得的煤气称为干馏煤气，是我国目前城市煤气的重要气源之一。

（2）气化煤气。气化煤气以煤或焦炭为原料，是在煤气发生炉中进行氧化所获得的煤气。根据鼓入炉氧化剂的不同，可分为空气煤气、水煤气、混合发生炉煤气、蒸汽煤气和高压氧化煤气等。高压氧化煤气可作为城市煤气的气源，其他发生炉煤气因热值低、毒性大，不能单独作为城市气源，可以和干馏煤气、油制气掺混作为城市煤气的调度气源或用于工业加热。

（3）油煤气。油煤气是以炼油厂的重油为原料，经裂解后制取的可燃气体。它可作为城市煤气的基本气源。

（4）高炉煤气。高炉煤气是冶金时的副产气，主要作为焦炉的加热煤气，以取代焦炉煤气供应城市。

3. 液化石油气

液化石油气是石油开采和炼制过程中，作为副产品而获得的一部分碳氢化合物。液化石油气主要组分为丙烷、丙烯、正（异）丁烷、正（异）丁烯、反（顺）丁烯等石油系轻烃类，在常温常压下呈气态，但加压或冷却后很容易液化，便于储存和运输。

4. 沼气

沼气是各种有机物在隔绝空气的条件下受发酵微生物作用而生成的气体。沼气的主要可燃组分为甲烷。

特 别 提 醒

燃气虽然是一种清洁方便的理想气源，但是如果不了解它的性质或使用不当，也会带来严重后果。燃气和空气混合到一定比例时，极易引起燃烧和爆炸，火灾危害性大，且人工煤气有剧烈的毒性，容易引起中毒事故。因而，所有制备、输送、储存和使用煤气的设备及管道，都要有良好的密封性，它们对设计、加工、安装和材料选用都有严格的要求，同时必须加强维护和管理工作，防止漏气。

二、城市燃气管道的输配

目前城市燃气的供应方式有两种：一种是管道输送；另一种是瓶装供应。

1. 城市燃气管道的分类

城市燃气管道根据输气压力、用途、敷设方式、管网形式进行分类。

（1）根据输气压力分类。燃气管道漏气可能导致火灾、爆炸、中毒或其他事故，因此其气密性与其他管道相比有特别的要求。燃气管道中的压力越高，危险性越大。管道内燃气的压力不同，对管道材质、安装质量、检验标准和运行管理的要求也不同。

我国城市燃气管道根据输气压力分级：

①低压管网：$p<5$ kPa；

②中压管网：5 kPa$<p<150$ kPa；

③次高压管网：150 kPa$<p<300$ kPa；

④高压管网：300 kPa$<p<800$ kPa；

⑤超高压管网：$p>800$ kPa。

居民和小型公共建筑用户一般直接由低压管道供气。中压 B 管道和中压 A 管道必须通过区域调压站或用户专用调压站，才能给城市分配管网中的低压和中压管道供气，或给工业企业、大型公共建筑用户或锅炉房供气。

(2)根据用途分类。根据用途，城市燃气管道可分长距离输气管线、城市燃气管道、工业企业燃气管道。长距离输气管线的干管及支管的末端连接城市或大型工业企业，作为该供应区的气源点。城市燃气管道包括分配管道、用户引入管和室内燃气管道。

(3)按敷设方式分类。按敷设方式，城市燃气管道可分为埋地管道和架空管道。

(4)根据管网形式分类。根据管网形式，城市燃气管道可分为环状管网、枝状管网和环枝状管网。环状管网是城镇输配管网的基本形式，同一环中，输气压力处于同一级制。枝状管网在城镇管网中一般不单独使用。环枝状管网是将环状与枝状混合使用，是工程设计中常用的管网形式。

2. 城市燃气供应系统构成

城市燃气供应系统由长距离输送系统、城市燃气输配系统和室内燃气供应系统构成。

(1)长距离输送系统。长距离输送系统的任务是连接气源及远离气源的用气区，为用气区供应燃气并满足用气区对燃气量、燃气压力的要求。

(2)城市燃气输配系统。城市燃气输配系统由低压、中压及高压等不同压力级制的燃气管网，城市燃气分配站或压送机站、调压计量站或区域调压站，储气站，计算机控制中心等组成。

城市燃气输配系统的主要部分是燃气管网，根据所采用的管网压力级制不同可分为一级系统、二级系统、三级系统和多级系统四种。

①一级系统：只有一个压力级制，即仅用一级压力的管网输送、分配和供应燃气的系统，过去多指低压单级系统。

②二级系统：有两个压力级制的管网系统，两级管网系统一般是指中压和低压两种压力的管网系统，有中压 B、低压系统和中压 A、低压系统两种形式。

a. 中压 B、低压系统示意如图 9-1 所示。它采用的气源是人工燃气或低压储气罐储气，它的特点是供气范围比单级系统大，压力较低，一般适用于人口密集、街道狭窄的老城区。

b. 中压 A、低压系统示意如图 9-2 所示。它采用的气源是天然气或长输管线末段储气，它的特点是供气范围比中压 B、低压系统大，压力较高，一般适用于街道宽阔、建筑物密度较小的大中城市。

③三级系统：由高、中、低压三级管网级制构成，如图 9-3 所示。它采用的气源是天然气、加压气化煤气和高压储气罐储气，它的特点是供气范围比中压 A、低压系统大，压力较高。

④多级系统：由三个以上级制的管网构成，如图 9-4 所示。它采用的气源是天然气、

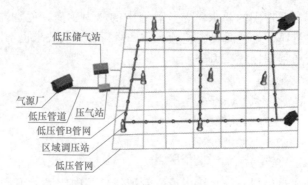

图 9-1　中压 B、低压系统示意

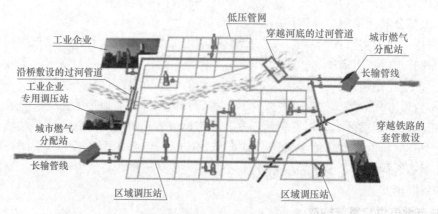

图 9-2　中压 A、低压系统示意

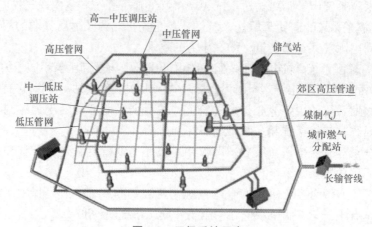

图 9-3　三级系统示意

加压气化煤气和高压储气罐储气,它的特点是供气范围比三级系统大,压力较高。

(3)室内燃气供应系统。室内燃气管道系统属低压管道系统,由管道及附件、燃气计量表、用具连接管和燃气用具组成。安装在室内的燃气管道,若室内通风不良,往往有中毒、燃烧、爆炸的危险。

3. 瓶装供应

目前液化石油气多采用瓶装供应。液化气的盛装充满度不允许超过容积的 85%,钢瓶的规格分为 10 kg、15 kg(主要为家庭用)和 20 kg、25 kg。

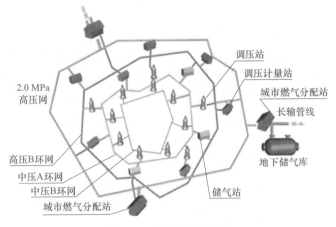

图 9-4 多级系统示意图

钢瓶的放置地点要考虑到便于换瓶和检查，但不得装于卧室及没有通风设备的走廊、地下室及半地下室。为防止钢瓶过热和压力过高，钢瓶与燃气用具以及设备采暖炉、散热器等的距离至少应为 1 m。钢瓶与燃气用具之间用耐油耐压软管连接，软管长度不得大于 2 m。

钢瓶在运送、装卸中，应严格遵守操作规程。

任务二　燃气管道系统

城市燃气的供应目前有两种方式：一种是瓶装供应，它用于液化石油气，且距气源地不远、运输方便的城市；另一种是管道输送，它可以输送液化石油气，也可以输送人工煤气和天然气。这里主要介绍民用建筑室内燃气管道系统。

一、室内燃气管道

室内燃气管道系统主要由用户引入管 1、水平干管 5、立管 4、用户支管 6、燃气计量表 7、用具连接管 9 和燃气用具 10 组成，如图 9-5 所示。

1. 引入管

用户引入管与城市或庭院低压分配管道连接，在分支管处设阀门。输送湿燃气的引入管一般由地下引入室内，当采取防冻措施时也可以由地上引入。输送湿燃气的引入管应有不小于 0.01 的坡度，坡向室外管道。在非采暖地区输送干燃气，且管径不大于 75 mm 时，可

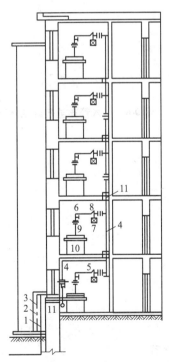

图 9-5　室内燃气管道系统的组成

1—用户引入管；2—砖台；3—保温层；4—立管；
5—水平干管；6—用户支管；7—燃气计量表；
8—软管；9—用具连接管；10—燃气用具；11—套管

由地上引入室内。

引入管应直接引入用气房间（如厨房）内，不得敷设在卧室、浴室、卫生间、易燃与易爆物仓库、有腐蚀性介质的房间、变配电间、电缆沟及烟（风）道内。住宅燃气引入管宜设在厨房、外走廊、与厨房相连的阳台等便于检修的非居住房间内，当确有困难时，可从楼梯间引入，但高层建筑除外，并应采用金属管道且引入管上阀门宜设在室外。

当引入管穿越房屋基础或管沟时，应预留孔洞，并加套管，间隙用油麻、沥青或环氧树脂堵塞。管顶间隙应不小于建筑物最大沉降量，具体做法如图 9-6 所示。当引入管沿外墙翻墙引入时，其室外部分应采取适当的防腐、保温和保护措施，具体做法如图 9-7 所示。

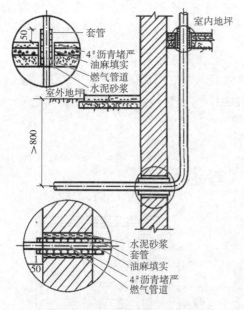

图 9-6　引入管穿越基础或外墙

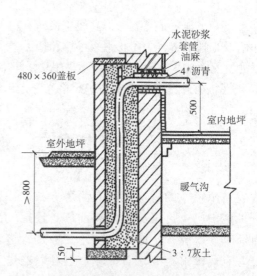

图 9-7　引入管沿外墙翻墙引入（单位：mm）

当建筑物设计沉降量大于 50 mm 时，对引入管可采取补偿措施：加大穿墙处的预留孔洞尺寸；穿墙前水平或垂直弯曲 2 次以上，设置金属柔性管或波纹补偿器。

2. 水平干管

当引入管连接多根立管时，应设置水平干管。室内水平干管的安装高度不得低于 1.8 m，距离顶棚不得小于 150 mm。输送干燃气管道可不设坡度，湿燃气的管道其敷设坡度应不小于 0.002，特殊情况下不得小于 0.001 5。

室内燃气干管不得穿过易燃易爆仓库、变电室、卧室、浴室、卫生间、空调机房、防烟楼梯间、电梯间及其前室等房间，也不得穿越烟道、风道及垃圾道等处；必须穿过时，要设于套管内。室内水平干管严禁穿过防火墙。

3. 立管

立管是将燃气由水平干管（或引入管）分送到各层的管道。立管宜明装，一般敷设在厨房、走廊或楼梯间内，不得设置在卧室、浴室、厕所、电梯井、排烟道及垃圾道内；当燃气立管由地下引入室内时，立管在第一层处设阀门，阀门一般设在室内，对重要用户应在室外另设阀门。

立管通过各层楼板处应设套管，套管高出地面至少 50 mm，底部与楼板平齐，套管内不得有接头；室内燃气管道穿过承重墙或楼板时应加设钢套管，套管的内径应比管道外径大 25 mm。穿墙套管的两边应与墙的饰面平齐，管内不得有接头。套管与管道之间的间隙应用沥青和油麻堵塞。

燃气立管支架间距，当管道 $DN<25$ mm 时，每层中间设一个；$DN>25$ mm 时，按需要设置。

由立管引向各单独用户计量表及燃气用具的管道为用户支管。室内燃气应明装，敷设于过道的管段不得装设阀门和活接头；支管穿墙时也应有套管保护。

用户支管在厨房内的高度不低于 1.7 m，敷设坡度应不小于 0.002，并由燃气计量表处分别坡向立管和燃气用具。

4. 器具连接管

连接支管和燃气用具的垂直管段称为器具连接管，器具连接管可采用钢管连接，也可采用软管连接，采用软管连接时应符合下列要求：

(1)软管的长度不得超过 2 m，且中间不得有接口。

(2)软管宜采用耐油加强橡胶管或塑料管，其耐压能力应大于 4 倍工作压力。

(3)软管两端连接处应采用压紧帽或管卡夹紧，以防脱落。

(4)软管不得穿墙、门和窗。

二、室内燃气管道布置和敷设要求

(1)室内燃气管道一般宜明装。当建筑物或工艺有特殊要求时，也可以采用暗装，但必须敷设在有人孔的闷顶或有活盖的墙槽内，以便安装和检修，暗装部分不宜有接头。

(2)室内燃气管道不应敷设在潮湿或有腐蚀性介质的房间内。当必须穿过该房间时，则应采取防腐措施。

(3)室内燃气管道需要穿过卧室、浴室或地下室时，必须设置在套管中。

(4)室内燃气管道敷设在可能冻结的地方时，应采取防冻措施。

(5)用气设备与燃气管道可采用硬管连接或软管连接。当采取软管时，其长度不应超过 2 m；当使用液化石油气时，应选用耐油软管。

(6)室内燃气管道力求设在厨房内，穿过过道、厅(闭合间)的管段不宜设置阀门和活接头。进入建筑物内的燃气管道可采用镀锌钢管或普通焊接钢管。连接方式可以用法兰，也可以焊接或用螺纹连接，一般管径小于或等于 50 mm 的管道均用螺纹连接。如果室内管道采用普通焊接钢管，安装前应先除锈，刷一道防腐漆，并在安装后再刷两道银粉或灰色防锈漆。

三、燃气管道系统管材及附属设备

1. 管材

低压燃气管道宜采用热镀锌钢管或焊接钢管螺纹连接；中压管道宜采用无缝钢管焊接连接；住宅及公共建筑室内明装燃气管道宜采用热镀锌钢管螺纹连接；燃气引入管、地下室和地上密闭房间内的管道、管道竖井和吊顶内的管道、锅炉房和直燃机房内的管道及室内中压燃气管道宜采用无缝钢管焊接连接；用户暗埋室内的低压燃气支管可采用不锈钢管或铜管，暗埋部分不应设接头，明露部分可用卡套、螺纹连接；燃具前低压燃气管道可采用橡胶管或家用燃气软管，连接可用压紧螺帽或管卡的方法；凡有阀门等附件处可采用法兰或螺纹连接，法兰宜采用平焊法兰，法兰垫片宜采用耐油石棉橡胶垫片，螺纹管件宜采用可锻铸铁件，螺纹密封填料采用聚四氟乙烯密封带或尼龙绳等。

2. 附属设备

为保证煤气管网的安全运行和检修的需要，需要在管道的适当位置设置阀门、补偿器、排水器和放散管等附属设备，在地下管网安装附属设备时，还要修建闸井。

（1）阀门安装。阀门用来启闭管道通路和调节管内煤气的流量。常用的阀门有闸阀、旋塞阀、截止阀、球阀和蝶阀等。当室内燃气管道 $DN \leqslant 65$ mm 时采用旋塞阀，当 $DN > 65$ mm 时采用闸阀；室外燃气管道一般采用闸阀；截止阀和球阀主要用于天然气管道。

室内燃气管道应在引入管处、立管的起点处、从室内燃气干管或立管接至各用户的分支管上（可以与表前阀门合设 1 个）、每个用气设备前、点火棒和测压计前及放散管起点处设置阀门。

（2）补偿器。补偿器用于调节管段的伸缩量。补偿器有波形补偿器和橡胶-卡普隆补偿器。补偿器通常用于架空管道和需要进行蒸汽吹扫的管道上。在埋地燃气管道上，多采用钢制波形补偿器，橡胶-卡普隆补偿器多用于通过山区、坑道和多地震地区的中压、低压管道上。

（3）排水器。排水器用于排除燃气管道中的凝结水和天然气管道中的轻质油。根据燃气管道中压力的不同，排水器可分为不能自喷的低压排水器和能自喷的高压、中压排水器。

（4）放散管。放散管主要用于排放燃气管道中的空气或燃气。在管道投入运行时利用放散管排除管道内空气，防止管内形成爆炸性的混合气体；在管道或设备检修时，利用放散管排除管内的燃气。

放散管一般安装在闸井阀门前；住宅和公共建筑的立管上端和最远燃具前水平管末端应设 $DN > 15$ mm 的放散用堵头。

任务三　燃气排除与安全常识

一、烟道的设置

楼房内，为了排除燃气燃烧的烟气，需要设置烟道。建筑物层数少时，可设置各自独立的烟囱；建筑物层数多时，需设置总烟道连通各层的燃气用具，并有防止下部的烟气蹿入上层房间的措施。总烟道是一根通过建筑各层、直径为 $300 \sim 500$ mm 的管道，每层排除燃烧烟气的支烟道采用直径为 $100 \sim 125$ mm 的管道且平行于总烟道。每层支烟道在其上面一到二层处接入总烟道，最上面的支烟道也要升高，然后平行接入总烟道。

二、安全常识

燃气燃烧后所排出的废气成分中含有浓度不同的一氧化碳，空气中的一氧化碳容积浓度超过 0.16% 时，人呼吸 20 min 会在 2 h 内死亡。因此设有燃气用具的房间，都应有良好的通风设施。

为保证人身和财产安全，使用燃气时应注意以下几点：

(1)管道燃气用户应在室内安装燃气泄漏报警切断装置。

(2)使用燃气应有人看管。

(3)如果发现燃气泄漏，应进行如下处理：

①切断气源。

②杜绝火种。严禁在室内开启各种电器设备，如开灯、打电话等。

③通风换气。应该及时打开门窗，切忌开启排气扇，以免引燃室内混合气体，造成爆炸。

④不能迅速脱下化纤服装，以免静电产生火花引起爆炸。

⑤如果发现邻居家有燃气泄漏，不允许按门铃，应敲门告知。

⑥到室外拨打当地燃气抢修报警电话或 119。

(4)用户在临睡、外出前和使用后，一定要认真检查，保证灶前阀和炉具开关完全关闭，以防燃气泄漏，造成伤亡事故。

(5)不准在燃气灶附近堆放易燃易爆物品。

(6)燃气灶前软管的安装和使用应注意：

①灶前软管的安装长度不能大于 2 m。

②灶前软管不能穿墙使用。

③对于天然气和液化石油气，一定要使用耐油的橡胶软管。

④要经常检查软管是否已经老化，连接接头是否紧密。

⑤要定期更换灶前软管。

(7)燃气设施的标志性颜色是黄色。城市中的黄色管道和设施一般都是城市燃气设施。

(8)户内燃气管不能做接地线使用，这是因为燃气具有易燃、易爆的特性。如果场所内含有一定浓度的燃气，遇到静电产生的火花，都可能使燃气点燃，引起火灾或爆炸。由于户内燃气管对地电阻较大，若把户内燃气管作为家用电器的接地线使用，一旦家电漏电或感应电传到燃气管上，使户内的燃气管对地产生一定的电位差，可能引起对邻近金属放电，产生火花，点燃或引爆燃气，造成安全事故，因而户内燃气管道不能做接地线用。

(9)使用瓶装液化石油气时还应注意以下几点：钢瓶应严格按照规程进行定期检验和修理，钢瓶按出厂日期计起，20 年内每 5 年检验一次，超过 20 年每 2 年检验一次；不得将钢瓶横卧或倒置使用；严禁用火、热水或其他热源直接对钢瓶加热使用；减压阀如出现故障，不得自己拆修或调整，应由供气单位的专业人员维修或更换；严禁乱倒残液。

思考与练习

1. 燃气按照其来源及生产方式，分为哪四大类？
2. 城市燃气供应系统由哪几部分构成？
3. 城市燃气的供应方式有哪两种？
4. 室内燃气管道的布置和敷设要求有哪些？
5. 为保证人身和财产安全，使用燃气时应注意哪些问题？

项目十　集中供热系统自动化

任务一　集中供热系统自动化的组成

党的二十大报告中提到了科技自立自强，对于企业而言，就是要不断提高自主技术创新能力，逐步培养以技术创新为核心的竞争力。随着物联网、大数据、云计算、人工智能等信息技术的飞速发展，全网可以联合调节统一控制，做到"一级网按需供热、精准控制；二级网平衡调节、户温舒适"，彻底解决水力热力失调、经验式人工手动运行、被动式设备检修等供热运维问题。

一、传统集中供热自控系统

图 10-1 所示为传统供热自控系统构成图，它包括一个调度中心、通信网络平台、热力子站控制系统。

1. 调度中心

调度中心一般包括计算机及网络通信设备。

(1)计算机包括操作员站、网络发布服务器、数据库服务器。

①操作员站负责所有数据的采集及监控、调度指令的下发、历史数据的查询、报警及事故的处理和报表打印等功能。

②网络发布服务器汇集所有采集的数据及信息，然后把相关的数据及画面发布到互联网上。互联网用户都可以通过浏览器远程访问该服务器发布的内容。

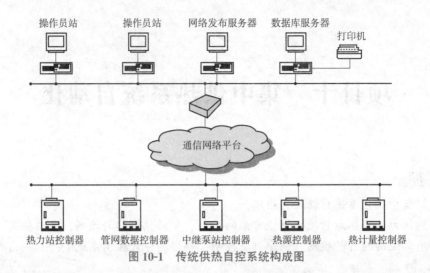

图 10-1 传统供热自控系统构成图

③数据库服务器负责所有历史数据的归档。数据库服务器需要配套大容量、可容错的硬盘，并定期备份数据。

（2）网络通信设备包括交换机、防火墙、路由器等。

2. 通信网络平台

通信网络平台是连接调度中心和子站控制系统的桥梁，通信网络分为有线网络和无线网络两种，基本采用中国移动、中国联通和中国电信三大通信运营商或本地广播电视公司的宽带或 VPN 专网等有线接入方式，或采用三大通信运营商的 4G 或 5G 等无线接入方式。

3. 热力子站控制系统

热力子站控制系统包括热力控制系统、管网数据监测系统、中继站及隔压换热站控制系统、热源参数监测系统、热计量检测系统。

二、现代集中供热监控系统

现代集中供热监控系统架构由感知层、网络层和云端管理决策层组成，如图 10-2 所示。

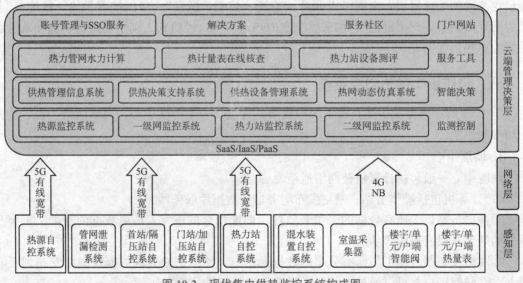

图 10-2 现代集中供热监控系统构成图

1. 感知层

感知层要求现场的供热系统具有透彻感知和广泛互联能力，能为云端管理决策层的深度智能提供支持服务。

2. 网络层

感知层数据通过有线、无线物联网，上传至云端管理决策层进行数据解析和监控，由人工智能根据供热系统运行工况和环境因素（室内、户外温度、风速、管网情况、房屋情况、地理位置等综合信息），提供最优的供热策略。

3. 云端管理决策层

热源数据、热网数据、热力站数据、供暖建筑监控数据和热用户室温数据汇总到供热监控云端平台进行大数据分析，以提供最优供热策略。

任务二　热力站的自动控制

一、换热站自控系统

换热站自控系统主要由数据采集控制部分、循环水泵控制部分、补水定压控制部分、通信部分等组成。通过热工检测仪表测量一次网二次网温度、压力、流量等信号，按自控系统中预先设定的控制算法及控制方式完成对一次网调节阀、循环泵及补给水泵的控制，以达到安全、可靠、经济运行的目的。换热站自控系统控制流程图如图 10-3 所示。

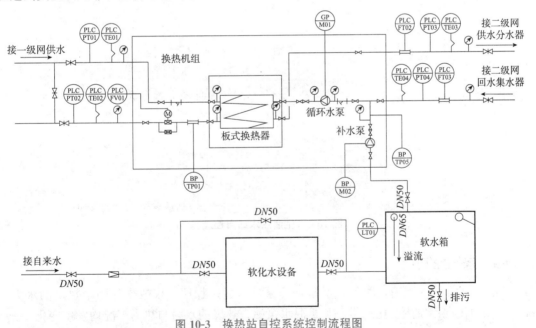

图 10-3　换热站自控系统控制流程图

二、首站的控制

首站是设在热源出口的换热站，来自热源的蒸汽将热网的回水加热后，供应网上用户使用，蒸汽的凝结水可返回到热源循环使用或作为热网的补水。

三、生活热水站的控制

生活热水站是提供生活热水的热力站。典型的生活热水站自控流程如图 10-4 所示。生活热水站需要全年制备生活热水。生活热水采用板式换热器加保温水箱或容积式换热器制备，由单独一对热水管网输出。为了保证生活热水的温度，可设循环管加循环泵。

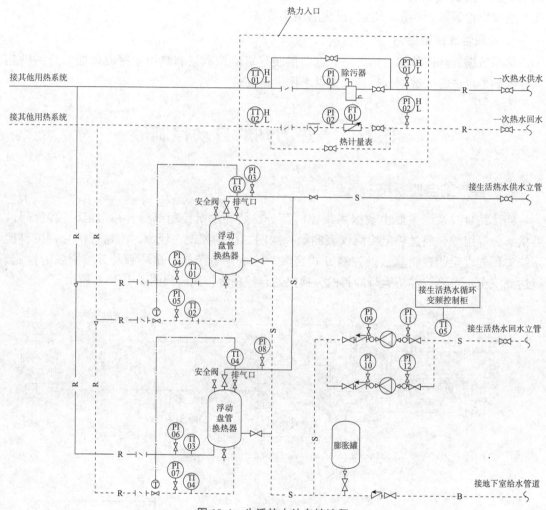

图 10-4　生活热水站自控流程

四、泵站控制

热网上的泵站主要有两类：一类是加压泵站，通过加压，仅改变热网中热媒的水力工况，而热力工况不发生变化；另一类是混水泵站，热媒的水力与热力工况均发生变化。

1. 加压泵站

供热系统上的循环泵是为热网上的热媒提供循环动力的装置，一般设在热源处。管线太长时，为降低热网的压力需要设置加压泵站。加压泵应具有变频器装置，这样可以通过调节变频器的频率从而控制调节泵的转速，达到调节泵的出口压力的目的，维持其供热范围的热网的最不利点的资用压头为给定值，满足用户的热力与水力工况的需要。泵的入口和出口应设有超压保护装置，泵站控制器配置人机界面，便于运行人员操作。泵站控制器预留与调度中心的通信接口，调度中心的操作人员可以实时监控泵站的数据及设备的运行状态。

2. 混水泵站

间连管网中的一级管网、二级管网的水力工况是相互独立、互不干扰的。混水泵站使一级网、二级网水力工况相互关联。如图 10-5 所示，混水泵可设置于旁通管上或供水管上。

混水泵站后的流量与混水比有关，当某一用户调节其流量后，混水泵站后的流量即发生变化，为保证用户有足够的压力(压差)，在用户处设置压力控制点，调节混水泵的转速，保持控制点压力不变。控制一次供水进口电动调节阀，稳定站内供水压力；控制一次回水出口电动调节阀，稳定站内回水压力；控制混水电动调节阀的开度，使二次供水温度在设定的范围内。混水泵站的出水温度由户外温度决定，而不应随用户的调节而变化。因此，需要调节混水泵站前一次供水电动调节阀门的开度，使供水温度达到要求。

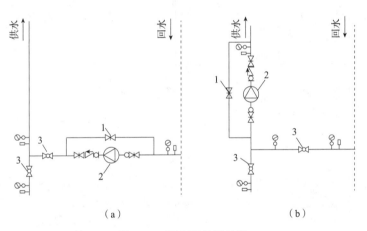

图 10-5 混水泵位置示意
(a)混水泵位于旁通管上；(b)混水泵位于供水管上
1—旁通阀门；2—混水泵；3—电动调节阀门

任务三 二级网的自动控制

以换热站二级网供热系统作为控制对象，通过水力平衡调节实现以最小的能耗达到用户室温舒适的目的。二级网自控系统主要由智能调节阀、热计量表和温度压力变送器等本地监控部分和云端监控系统部分等组成。在同一个二级网供热系统内的户端、单元或单体建筑的支管或干管回水侧安装智能调节阀，通过热工检测仪表测量建筑物总热量、支管或干管的回水温度及室内温度等信号，云端监控系统按预定控制策略完成对智能调节阀的控制，实现二级网运行的水力平衡。二级网设置单元控制阀只能解决单元间或楼栋间的平衡问题，但解决不了单元内部各户间的平衡问题。另外，户控是未来发展的方向，相比单元控，至少多节热 5%，节电 10%。同时，设置户控阀的建筑或单元无须设置建筑或单元控制阀，二级网监控流程如图 10-6 所示。

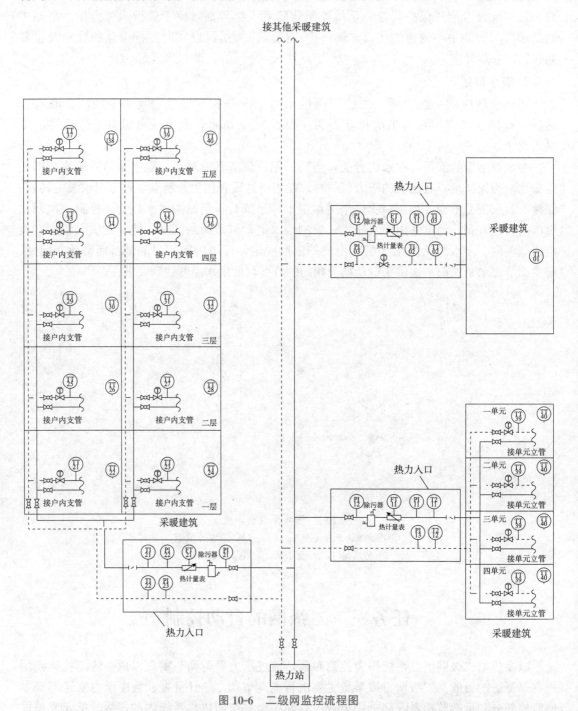

图 10-6　二级网监控流程图

二级网监控系统部署在云端，支持移动端或 PC 端访问，采用物联网技术进行数据通信，实现智能调节阀、热计量表和温室监控，二级网水力平衡调节、建筑物能耗分析和供热质量分析。云端监控系统通过分析和处理海量的二级网数据，帮助供热企业对二级网系统的运行和维护进行有效的管理，大大降低了设施投资和维护成本。

任务四　锅炉房的自动控制

一、锅炉燃烧控制

锅炉房自控系统应接受热网生产调度的统一指挥，按照预制的供热曲线运行，实现按需供热的工作任务。在几种锅炉中，以循环流化床锅炉控制最为复杂。循环流化床锅炉的过程变量不仅包括锅炉出水温度、炉膛负压、烟气含氧量，还包括床温、床压等。其控制功能如下。

1. 床温控制

床温一般控制在 800 ℃左右，床温过高会引起锅炉结焦，而过低会影响稳定燃烧，故 DCS 会分析运行相关参数，按照一定规律合理控制给煤量、循环灰量和一次风量等过程变量，保证锅炉在设计炉温下运行。

2. 给煤量控制

每台锅炉应配置一定数量的给煤机，沿炉膛宽度方向均匀布置，通过播煤风均匀给煤，以确保锅炉燃烧稳定，在床温合适的条件下控制给煤量达到负荷需求（锅炉出水温度），DCS 根据负荷指令控制给煤量和总风量，以保证剩余空气系数最佳和燃烧均匀。

3. 床压控制

通过控制炉膛底部灰渣的排放来实现床压控制。当负荷稳定时，床压主要受床渣堆积量的影响，床渣堆积量增加会引起床压升高，反之床压会降低。

4. 鼓引风量控制

鼓引风量控制包括一次风量控制、二次风量控制和引风机控制，主要功能如下：

（1）一次风量控制，其作用是建立流化状态和保证流化质量。

（2）二次风量控制，其作用是控制烟气中含氧量在 3%～5% 范围内，确保从密相区逸出的可燃物在稀相区得到进一步富氧燃烧。

（3）引风机控制，其作用是建立炉膛负压。可以把鼓风量作为引风机调节的前馈信号，从而更好地维持炉膛压力。

5. 石灰石流量控制

石灰石流量应与总的燃煤量成一定的配比，以保证烟气中二氧化硫的含量在规定的范围内。

二、锅炉的分散控制系统 DCS

典型的分散控制系统（Decentralized Control System，DCS）如图 10-7 所示，分为现场设备层、过程控制层、过程监控层、生产管理层和决策管理层，由现场控制站、通信控制站、操作员站、工程师站和数据服务器等组成。相互之间通过冗余的以太网相连接，组成计算机局域网络。DCS 现场控制站是一种控制功能与操作功能分离的多回路控制器（主控单元为冗余配置）。其接受现场送来的测量信号，按指定的控制算法，对信号进行输入处理、控制运算、输出处理，然后向执行器发出控制命令。现场控制站的编程、组态工作都在工程师站上完成。现场控制站采用了分布式结构。现场控制站的各种处理单元通过控制网络连接起来，构成一个现场控制站。即从逻辑上说，现场控制站是由主控单元、过程输入输出单元、电源单元和控制网络组成。主控单元完成全部控制运算功能，I/O模块完成信号的输入、输出处理功能。现场控制站内采用国际最流行的现场总线来连接主控单元和I/O模块，既可满足高速传输，又有简单实用、经济性强等特点。

主控单元是现场控制站的中央处理单元，主要承担本站的部分信号处理、控制运算、与上位机及其他单元的通信等任务。它是一个高性能的工业级中央处理单元，采用模块化结构，主控单元以热备份方式冗余配置，在出现故障时能够自动无扰切换，并保证不会丢失数据。

过程输入输出模块根据功能分为模入、模出、开入、开出和脉冲量处理、回路控制几类。其适用于本地I/O和远程I/O。

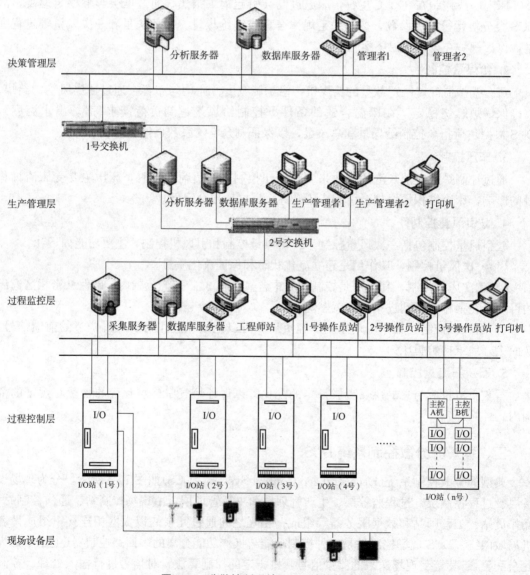

图 10-7　分散控制系统(DCS)结构体系图

模拟量输入模块：8 通道 AI；

热电偶输入模块：8 通道 AI；

热电阻输入模块：8 通道 AI；

模拟量输出模块：8 通道 AO；

开关量输入模块：16 通道 DI，查询电压 48 V；

开关量输出模块：16 通道 DO；

脉冲量输入模块：8 通道 PI。

输入/输出模块可冗余配置，冗余设备中的任意一个均能接受系统的组态和再现修改信息，能够实现自动热备份及无扰切换，以保证重要信号能得到可靠处理。所有输入/输出模块能满足 ANSI/IEEE472"冲击电压承受能力试验导则（SWC）"的规定，在误加 250 V 直流电压或交流电压时，不会损坏系统。每一路模入或模出信号均采用一个单独的 A/D 或 D/A 转换器，每一路热电阻输入有单独的桥路。所有的输入通道、输出通道及其工作电源之间，均互相隔离，SOE 模件为专用的开关量输入模块。

电源单元为单元式模块化结构，用来对现场控制站的 I/O 模块供电，可构成无须切换的冗余配电方式，从而进一步提高供电系统的可靠性和稳定性。输出电压为 DC24V，提高供电系统的安全性。

➤ 思考与练习

1. 传统集中供热自控系统由哪几个部分构成？
2. 现代集中供热监控系统架构由哪几个部分组成？
3. 简述换热站自控系统。
4. 热网上的泵站主要有哪两类？
5. 简述二级网的自动控制。

附　　录

附表 1-1

附表 1-1　一些城市渗透空气量的朝向修正系数 n 值

地点	北	东北	东	东南	南	西南	西	西北
哈尔滨	0.30	0.15	0.20	0.70	1.00	0.85	0.70	0.60
沈阳	1.00	0.70	0.30	0.30	0.40	0.35	0.30	0.70
北京	1.00	0.50	0.15	0.10	0.15	0.15	0.40	1.00
天津	1.00	0.40	0.15	0.10	0.15	0.20	0.40	1.00
西安	0.70	1.00	0.70	0.25	0.40	0.50	0.35	0.25
太原	0.90	0.40	0.15	0.20	0.30	0.20	0.70	1.00
兰州	1.00	1.00	1.00	0.70	0.50	0.20	0.15	0.50
乌鲁木齐	0.35	0.35	0.55	0.75	1.00	0.70	0.25	0.35

附表 2-1

附表 2-1　一些铸铁散热器规格及其传热系数 K 值

型号	散热面积/ $(m^2 \cdot 片^{-1})$	水容量/ $(L \cdot 片^{-1})$	重量/ $(kg \cdot 片^{-1})$	工作压力 /MPa	传热系数计算公式	热水热媒当 $\Delta t=64.5℃$ 时的 K 值/ $[W \cdot (m^2 \cdot ℃)^{-1}]$	不同蒸汽表压力 (MPa)下的 K 值/ $[W \cdot (m^2 \cdot ℃)^{-1}]$		
							0.03	0.07	≥0.1
TG0.28/5—4，长翼型(大60)	1.16	8	28	0.4	$K=1.743\Delta t^{0.28}$	5.59	6.12	6.27	6.36
TZ2—5—5（M—132型）	0.24	1.32	7	0.5	$K=2.426\Delta t^{0.286}$	7.99	8.75	8.97	9.10
TZ4—6—5（四柱760型）	0.235	1.16	6.6	0.5	$K=2.503\Delta t^{0.298}$	8.49	9.31	9.55	9.69
TZ4—5—5（四柱640型）	0.20	1.03	5.7	0.5	$K=3.663\Delta t^{0.16}$	7.13	7.51	7.61	7.67
TZ2—5—5（二柱700型，带腿）	0.24	1.35	6	0.5	$K=2.02\Delta t^{0.271}$	6.25	6.81	6.97	7.07
四柱813型(带腿)	0.28	1.4	8	0.5	$K=2.237\Delta t^{0.302}$		8.66	8.89	9.03
圆翼型	1.8	4.42	38.2	0.5					

型号	散热面积/ (m²·片⁻¹)	水容量/ (L·片⁻¹)	重量/ (kg·片⁻¹)	工作压力 /MPa	传热系数计算公式	热水热媒当 $\Delta t=64.5$ ℃时的 K 值/ [W·(m²·℃)⁻¹]	不同蒸汽表压力 (MPa)下的 K 值/ [W·(m²·℃)⁻¹]		
							0.03	0.07	≥0.1
单排						5.81	6.97	6.97	7.79
双排						5.08	5.81	5.81	6.51
三排						4.65	5.23	5.23	5.81

注：1. 本表前四项由原哈尔滨建筑工程学院 ISO 散热器实验台测试，其余柱形由清华大学 ISO 散热器实验台测试。

2. 散热器表面喷银粉漆，明装，同侧连接上进下出。

3. 圆翼型散热点因无实验公式，暂采用以前一些手册的数据。

4. 此为密闭实验台测试数据，在实际情况下，散热器的 K 值和 Q 值，约比表中数值增大 10%

附表 2-2

附表 2-2 一些钢制散热器规格及其传热系数 K 值

型号	散热面积/ (m²·片⁻¹)	水容量/ (L·片⁻¹)	重量/ (kg·片⁻¹)	工作压力 /MPa	传热系数计算公式	热水热媒当 $\Delta t=64.5$ ℃时的 K 值/ [W·(m²·℃)⁻¹]	备注
钢制柱形散热器 600×120	0.15	1	2.2	0.8	$K=2.489\Delta t^{0.8069}$	8.94	钢板厚 1.5 mm，表面涂调和漆
钢制板形散热器 600×1 000	2.75	4.6	18.4	0.8	$K=2.5\Delta t^{0.239}$	6.76	钢板厚 1.5 mm，表面涂调和漆
钢制扁管形散热器							
单板 520×1 000	1.151	4.71	15.1	0.6	$K=3.53\Delta t^{0.235}$	9.4	钢板厚 1.5 mm，表面涂调和漆
单板带对流片 624×1 000	5.55	5.49	27.4	0.6	$K=1.23\Delta t^{0.246}$	3.4	钢板厚 1.5 mm，表面涂调和漆
	m²/m	L/m	kg/m				
闭式钢串片对流散热器							
150×80	3.15	1.05	10.5	1.0	$K=2.07\Delta t^{0.14}$	3.71	相应流量 $G=$ 50 kg/h 时的工况
240×100	5.72	1.47	17.4	1.0	$K=1.30\Delta t^{0.18}$	2.75	相应流量 $G=$ 150 kg/h 时的工况
500×90	7.44	2.50	30.5	1.0	$K=1.88\Delta t^{0.11}$	2.97	相应流量 $G=$ 250 kg/h 时的工况

附表 2-3

附表 2-3　散热器组装片数修正系数 β_1

每组片数	<6	6～10	11～20	>20
β_1	0.95	1.00	1.05	1.10

注：本表仅适用于各种柱型散热器。长翼型和圆翼型不修正。其他散热器需要修正时，见产品说明

附表 2-4

附表 2-4　散热器连接方式修正系数 β_2

连接方式	同侧上进下出	异侧上进下出	异侧下进下出	异侧下进上出	同侧下进上出
四柱 813 型	1.0	1.004	1.239	1.422	1.426
M-132 型	1.0	1.009	1.251	1.386	1.396
长翼型(大 60)	1.0	1.009	1.225	1.331	1.369

注：1. 本表数值由原哈尔滨建筑工程学院供热研究室提供，该数值是在标准状态下测定的。
　　2. 其他散热器可近似套用本表数据

附表 2-5

附表 2-5　散热器安装形式修正系数 β_3

装置示意	装置说明	系数 β_3
	散热器安装在墙面上加盖板	当　$A=40$ mm，$\beta_3=1.05$ $A=80$ mm，$\beta_3=1.03$ $A=100$ mm，$\beta_3=1.02$
	散热器安装在墙龛内	当　$A=40$ mm，$\beta_3=1.11$ $A=80$ mm，$\beta_3=1.07$ $A=100$ mm，$\beta_3=1.06$
	散热器安装在墙面上，外面有罩，罩子上面及前面的下端有空气流通孔	当　$A=260$ mm，$\beta_3=1.12$ $A=220$ mm，$\beta_3=1.13$ $A=180$ mm，$\beta_3=1.19$ $A=150$ mm，$\beta_3=1.25$

装置示意	装置说明	系数 β_3
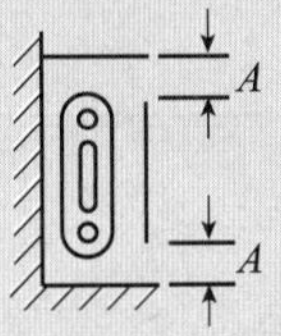	散热器安装形式同前，但空气流通孔开在罩子前面上下两端	当 $A=130$ mm，孔口敞开 $\beta_3=1.2$ 孔口有格栅式网状物盖着 $\beta_3=1.4$
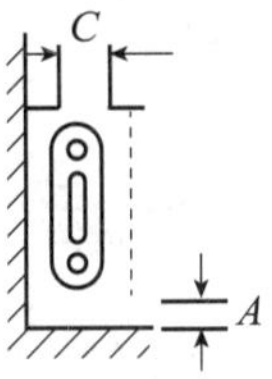	安装形式同前，但罩子上面空气流通孔宽度 C 不小于散热器的宽度，罩子前面下端的孔口高度不小于 100 mm，其他部分为格栅	当 $A=100$ mm，$\beta_3=1.15$
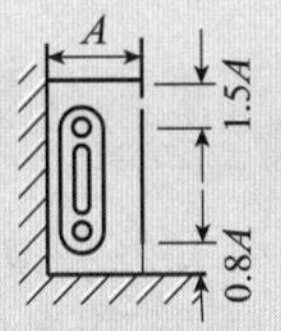	安装形式同前，空气流通开口在罩子前面上下两端，其宽度如左图所示	$\beta_3=1.0$
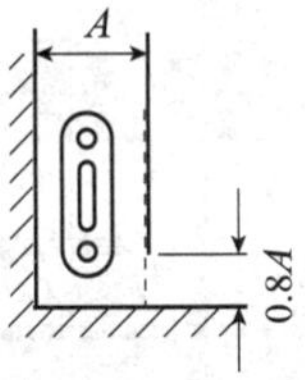	散热器用挡板挡住，挡板下端留有空气流通口，其高度为 $0.8A$	$\beta_3=0.9$

注：散热器明装，敞开布置，$\beta_3=1.0$。

附表 2-6

附表 2-6　金属辐射板的最低安装高度

m

热媒平均温度 /℃	水平安装	倾斜安装(与水平面夹角)			垂直安装
		30°	45°	60°	
110	3.2	2.8	2.7	2.5	2.3
120	3.4	3.0	2.8	2.7	2.4
130	3.6	3.1	2.9	2.8	2.5
140	3.9	3.2	3.0	2.9	2.6
150	4.2	3.3	3.2	3.0	2.8
160	4.5	3.4	3.3	3.1	2.9
170	4.8	3.5	3.4	3.1	2.9

附表 3-1

附表 3-1　室内热水采暖系统管路水力计算表
($t'_g = 95\ ℃$，$t'_h = 70\ ℃$，$K = 0.2\ mm$)

公称直径/mm	16		20		25		32		40		50		70	
内径/mm	15.75		21.25		27.00		35.75		41.00		53.00		58.00	
G	R	v	R	v	R	v	R	v	R	v	R	v	R	v
30	2.64	0.04												
34	2.99	0.05												
40	3.52	0.06												
42	6.78	0.06												
48	8.60	0.07												
50	9.25	0.07	1.33	0.04										
52	9.92	0.08	1.38	0.04										
54	10.62	0.08	1.43	0.04										
56	11.34	0.08	1.49	0.04										
60	12.84	0.09	2.93	0.05										
70	16.99	0.10	3.85	0.06										
80	21.68	0.12	4.88	0.06										
82	22.69	0.12	5.10	0.07										
84	23.71	0.12	5.33	0.07										
90	26.93	0.13	6.03	0.07										
100	32.72	0.15	7.29	0.08	2.24	0.05								
105	35.82	0.15	7.96	0.08	2.45	0.05								
110	39.05	0.16	8.66	0.09	2.66	0.05								
120	45.93	0.17	10.15	0.10	3.10	0.06								
125	49.57	0.18	10.93	0.10	3.34	0.06								
130	53.35	0.19	11.74	0.10	3.58	0.06								
135	57.27	0.20	12.58	0.11	3.83	0.07								
140	61.32	0.20	13.45	0.11	4.09	0.07	1.04	0.04						
160	78.87	0.23	17.19	0.13	5.20	0.08	1.31	0.05						
180	98.59	0.26	21.38	0.14	6.44	0.09	1.61	0.05						
200	120.48	0.29	26.01	0.16	7.80	0.10	1.95	0.06						

公称直径/mm	16		20		25		32		40		50		70	
内径/mm	15.75		21.25		27.00		35.75		41.00		53.00		58.00	
G	R	v	R	v	R	v	R	v	R	v	R	v	R	v
220	144.52	0.32	31.08	0.18	9.29	0.11	2.31	0.06						
240	170.73	0.35	36.58	0.19	10.90	0.12	2.70	0.07						
260	199.09	0.38	42.52	0.21	12.64	0.13	3.12	0.07						
270	214.08	0.39	45.66	0.22	13.55	0.13	3.34	0.08						
280	229.61	0.41	48.91	0.22	14.50	0.14	3.57	0.08	1.82	0.06				
300	262.29	0.44	55.72	0.24	16.48	0.15	4.05	0.08	2.06	0.06				
400	458.07	0.58	96.37	0.32	28.23	0.20	6.85	0.11	3.46	0.09				
500			147.91	0.40	43.03	0.25	10.35	0.14	5.21	0.11				
520			159.53	0.41	46.36	0.26	11.13	0.15	5.60	0.11	1.57	0.07		
560			184.07	0.45	53.38	0.28	12.78	0.16	6.42	0.12	1.79	0.07		
600			210.35	0.48	60.89	0.30	14.54	0.17	7.29	0.13	2.03	0.08		
700			283.67	0.56	81.79	0.35	19.43	0.20	9.71	0.15	2.69	0.09		
760			332.89	0.61	95.79	0.38	22.69	0.21	11.33	0.16	3.13	0.10		
780			350.17	0.62	100.71	0.38	23.83	0.22	11.89	0.17	3.28	0.10		
800			367.88	0.64	105.74	0.39	25.00	0.23	12.47	0.17	3.44	0.10		
900			462.97	0.72	132.72	0.44	31.25	0.25	15.56	0.19	4.27	0.12	1.24	0.07
1 000			568.94	0.80	162.75	0.49	38.20	0.28	18.98	0.21	5.19	0.13	1.50	0.08
1 050			626.01	0.84	178.90	0.52	41.93	0.30	20.81	0.22	5.69	0.13	1.64	0.08
1 100			685.79	0.88	195.81	0.54	45.83	0.31	22.73	0.24	6.20	0.14	1.79	0.09
1 200			813.52	0.96	231.92	0.59	54.14	0.34	26.81	0.26	7.29	0.15	2.10	0.09
1 250			881.47	1.00	251.11	0.62	58.55	0.35	28.98	0.27	7.87	0.16	2.26	0.10
1 300					271.06	0.64	63.14	0.37	31.23	0.28	8.47	0.17	2.43	0.10
1 400					313.24	0.69	72.82	0.39	35.98	0.30	9.74	0.18	2.79	0.11
1 600					406.71	0.79	94.24	0.45	46.47	0.34	12.52	0.20	3.57	0.12
1 800					512.34	0.89	118.39	0.51	58.28	0.39	15.65	0.23	4.44	0.14
2 000					630.11	0.99	145.28	0.56	71.42	0.43	19.12	0.26	5.41	0.16

公称直径/mm	16		20		25		32		40		50		70	
内径/mm	15.75		21.25		27.00		35.75		41.00		53.00		58.00	
G	R	v	R	v	R	v	R	v	R	v	R	v	R	v
2 200							174.91	0.62	85.88	0.47	22.92	0.28	6.47	0.17
2 400							207.26	0.68	101.66	0.51	27.07	0.31	7.62	0.19
2 500							224.47	0.70	110.04	0.53	29.28	0.32	8.23	0.19
2 600							242.35	0.73	118.76	0.56	31.56	0.33	8.86	0.20
2 800							280.18	0.79	137.19	0.60	36.39	0.36	10.20	0.22

注：1. 本表部分摘自《供暖通风设计手册》1987 年版。

2. 本表按供暖季平均水温 $t \approx 60$ ℃，相应的密度 $\rho = 983.248$ kg/m³条件编制。

3. 摩擦阻力系数 λ 值按下述原则确定：层流区中，按式(4-4)计算；湍流区中，按式(4-11)计算。

4. 表中符号：G 为管段热水流量，kg/h；R 为比摩阻，Pa/m；v 为水流速，m/s

附表 3-2

附表 3-2　热水采暖系统局部阻力系数 ξ 值

局部阻力名称	ξ	说明	局部阻力系数	在下列管径(DN)毫米时的 ξ 值					
				15	20	25	32	40	≥50
双柱散热器	2.0	以热媒在导管中的流速计算局部阻力	截止阀	16.0	10.0	9.0	9.0	8.0	7.0
铸铁锅炉	2.5		旋塞	4.0	2.0	2.0	2.0		
钢制锅炉	2.0		斜杆截止阀	3.0	3.0	3.0	2.5	2.5	2.0
突然扩大	1.0	以其中较大的流速计算局部阻力	闸阀	1.5	0.5	0.5	0.5	0.5	0.5
突然缩小	0.5		弯头	2.0	2.0	1.5	1.5	1.0	1.0
直流三通(①)	1.0		90°煨弯及乙字管	1.5	1.5	1.0	1.0	0.5	0.5
旁流三通(②)	1.5		括弯(⑥)	3.0	2.0	2.0	2.0	2.0	2.0
合流三通 分流三通(③)	3.0		急弯双弯头	2.0	2.0	2.0	2.0	2.0	2.0
			缓弯双弯头	1.0	1.0	1.0	1.0	1.0	1.0
直流四通(④)	2.0								
分流四通(⑤)	3.0								
方形补偿器	2.0								
套筒补偿器	0.5								

附表 3-3

附表 3-3　热水供暖系统局部阻力系数 $\xi = 1$ 的局部损失(动压头)值

$$\Delta p_d = \rho v^2 / 2 \ \text{Pa}$$

v	Δp_d	v	Δp_d	v	Δp_d	v	Δp_d	v	Δp_d	v	Δp_d
0.01	0.05	0.13	8.31	0.25	30.73	0.37	67.30	0.49	118.04	0.61	182.93
0.02	0.2	0.14	9.64	0.26	33.23	0.38	70.99	0.50	122.91	0.62	188.98

v	Δp_d	v	Δp_d	v	Δp_d	v	Δp_d	v	Δp_d	v	Δp_d
0.03	0.44	0.15	11.06	0.27	35.84	0.39	74.78	0.51	127.87	0.65	207.71
0.04	0.79	0.16	12.59	0.28	38.54	0.40	78.66	0.52	132.94	0.68	227.33
0.05	1.23	0.17	14.21	0.29	41.35	0.41	82.64	0.53	138.10	0.71	247.83
0.06	1.77	0.18	15.93	0.30	44.25	0.42	86.72	0.54	143.36	0.74	269.21
0.07	2.41	0.19	17.75	0.31	47.25	0.43	90.90	0.55	148.72	0.77	291.48
0.08	3.15	0.20	19.66	0.32	50.34	0.44	95.18	0.56	154.17	0.80	314.64
0.09	3.98	0.21	21.68	0.33	53.54	0.45	99.55	0.57	159.73	0.85	355.20
0.10	4.92	0.22	23.79	0.34	56.83	0.46	104.03	0.58	165.38	0.90	398.22
0.11	5.95	0.23	26.01	0.35	60.22	0.47	108.6	0.59	171.13	0.95	443.70
0.12	7.08	0.24	28.32	0.36	63.71	0.48	113.27	0.60	176.98	1.0	491.62

注：本表按 $t'_g=95\ ℃$，$t'_h=70\ ℃$，整个供暖季的平均水温 $t\approx60\ ℃$，相应水的密度 $\rho=983.284\ kg/m^3$ 编制

附表 3-4

附表 3-4　一些管径的 λ/d 值和 A 值

公称直径/mm	15	20	25	32	40	50	70	89×3.5	108×4
外径/mm	21.25	26.75	33.5	42.25	48	60	75.5	89	108
内径/mm	15.75	21.25	27	35.75	41	53	68	82	100
λ/d 值/$(1 \cdot m^{-1})$	2.6	1.8	1.3	0.9	0.76	0.54	0.4	0.31	0.24
A 值/$[Pa \cdot (kg/h)^{-2}]$	1.03×10^{-3}	3.12×10^{-4}	1.2×10^{-4}	3.89×10^{-5}	2.25×10^{-5}	8.06×10^{-6}	2.97×10^{-7}	1.41×10^{-7}	6.36×10^{-7}

注：本表按 $t'_g=95\ ℃$，$t'_h=70\ ℃$，整个供暖季平均水温 $t\approx60\ ℃$，相应水的密度 $\rho=983.284\ kg/m^3$ 编制

附表 4-1

附表 4-1　室内低压蒸汽采暖系统管路水力计算

（表压力 $p_b=5\sim20\ kPa$，$K=0.2\ mm$）

比摩阻 /$(Pa \cdot m^{-1})$	水煤气管公称直径/mm						
	15	20	25	32	40	50	70
5	790	1 510	2 380	5 260	8 010	15 760	30 050
	2.92	2.92	2.92	3.67	4.23	5.1	5.75
10	918	2 066	3 541	7 727	11 457	23 015	43 200
	3.43	3.89	4.34	5.4	6.05	7.43	8.35
15	1 090	2 400	4 395	10 000	14 260	28 500	53 400
	4.07	4.88	5.45	6.65	7.64	9.31	10.35

比摩阻 /(Pa·m⁻¹)	水煤气管公称直径/mm						
	15	20	25	32	40	50	70
20	1 239	2 920	5 240	11 120	16 720	33 050	61 900
	4.55	5.65	6.41	7.8	8.83	10.85	12.1
30	1 500	3 615	6 350	13 700	20 750	40 800	76 600
	5.55	7.01	7.77	9.6	10.95	13.2	14.95
40	1 759	4 220	7 330	16 180	24 190	47 800	89 400
	6.51	8.2	8.98	11.3	12.7	15.3	17.35
60	2 219	5 130	9 310	20 500	29 550	58 900	110 700
	8.17	9.94	11.4	14	15.6	19.03	21.4
80	2 570	5 970	10 630	23 100	34 400	67 900	127 600
	9.55	11.6	13.15	16.3	18.4	22.1	24.8
100	2 900	6 820	11 900	25 655	38 400	76 000	142 900
	10.7	13.2	14.6	17.9	20.35	24.6	27.6
150	3 520	8 323	14 678	31 707	47 358	93 495	168 200
	13	16.1	18	22.15	25	30.2	33.4
200	4 052	9 703	16 975	36 545	55 568	108 210	202 800
	15	18.8	20.9	25.5	29.4	35	38.9
300	5 049	11 939	20 778	45 140	68 360	132 870	250 000
	18.7	23.2	25.6	31.6	35.6	42.8	48.2

注：表中数值，上行为通过水煤气管得到的热量，W；下行为蒸汽流速，m/s

附表 4-2

附表 4-2　室内低压蒸汽采暖管路水力计算用动压头

$v/(\text{m}\cdot\text{s}^{-1})$	$\frac{v^2}{2}\rho/\text{Pa}$	$v/(\text{m}\cdot\text{s}^{-1})$	$\frac{v^2}{2}\rho/\text{Pa}$	$v/(\text{m}\cdot\text{s}^{-1})$	$\frac{v^2}{2}\rho/\text{Pa}$	$v/(\text{m}\cdot\text{s}^{-1})$	$\frac{v^2}{2}\rho/\text{Pa}$
5.5	9.58	10.5	34.93	15.5	76.12	20.5	133.16
6.0	11.4	11.0	38.34	16.0	81.11	21.0	139.73
6.5	13.39	11.5	41.9	16.5	86.26	21.5	146.46
7.0	15.53	12.0	45.63	17.0	91.57	22.0	153.36
7.5	17.82	12.5	49.5	17.5	97.04	22.5	160.41
8.0	20.28	13.0	53.5	18.0	102.66	23.0	167.61
8.5	22.89	13.5	57.75	18.5	108.44	23.5	174.98
9.0	25.66	14.0	62.1	19.0	114.38	24.0	182.51
9.5	28.6	14.5	66.6	19.5	120.48	24.5	190.19
10.0	31.69	15.0	71.29	20.0	126.74	25.0	198.03

附表 7-1

附表 7-1　热水网路水力计算表

(K=0.5 mm, t=100 ℃, ρ=958.38 kg/m³, v=0.295×10⁻⁶ m/s)

表中采用单位：水流量 $G(t/h)$; 流速 $v(m/s)$; 比摩阻 $R(Pa/m)$

公称直径/mm	25		32		40		50		70		80		100		125		150	
外径×壁厚/(mm×mm)	32×2.5		38×2.5		45×2.5		57×3.5		76×3.5		89×3.5		108×4		133×4		159×4.5	
G	v	R	v	R	v	R	v	R	v	R	v	R	v	R	v	R	v	R
0.6	0.3	77	0.2	27.5	0.14	9												
0.8	0.41	137.3	0.27	47.7	0.18	15.8	0.12	5.6										
1.0	0.51	214.8	0.34	73.1	0.23	24.4	0.15	8.6										
1.4	0.71	420.7	0.47	143.2	0.32	47.4	0.21	19.8	0.11	3.0								
1.8	0.91	695.3	0.61	236.3	0.42	84.2	0.27	26.1	0.14	5								
2.0	1.01	858.1	0.68	292.2	0.46	104	0.3	31.9	0.16	6.1								
2.2	1.11	1 038.5	0.75	353	0.51	125.5	0.33	36.2	0.17	7.4								
2.6			0.88	493.3	0.6	175.5	0.38	53.4	0.2	10.1								
3.0			1.02	657	0.69	234.4	0.44	71.2	0.23	13.2								
3.4			1.15	844.4	0.78	301.1	0.5	91.4	0.26	17								
4.0					0.92	415.8	0.59	126.5	0.31	22.8	0.22	9						
4.8					1.11	599.2	0.71	182.4	0.37	32.8	0.26	12.9						
5.6							0.83	252	0.43	44.5	0.31	17.5	0.21	6.4				
6.2							0.92	304	0.48	54.6	0.34	21.8	0.23	7.8	0.15	2.5		

续表

公称直径/mm	25		32		40		50		70		80		100		125		150	
外径×壁厚/(mm×mm)	32×2.5		38×2.5		45×2.5		57×3.5		76×3.5		89×3.5		108×4		133×4		159×4.5	
G	v	R	v	R	v	R	v	R	v	R	v	R	v	R	v	R	v	R
7.0							1.03	387.4	0.54	69.6	0.38	27.9	0.26	9.9	0.17	3.1		
8.0							1.18	506	0.62	90.9	0.44	36.3	0.3	12.7	0.19	4.1		
9.0							1.33	640.4	0.7	114.7	0.49	46	0.33	16.1	0.21	5.1		
10.0							1.48	790.4	0.78	142.2	0.55	56.8	0.37	19.8	0.24	6.3		
11.0							1.63	957.1	0.85	171.6	0.6	68.6	0.41	23.9	0.26	7.6		
12.0									0.93	205	0.66	81.7	0.44	28.5	0.28	8.8	0.2	3.5
14.0									1.09	278.5	0.77	110.8	0.52	38.8	0.33	11.9	0.23	4.7
15.0									1.16	319.7	0.82	127.5	0.55	44.5	0.35	13.6	0.25	5.4
16.0									1.24	363.8	0.88	145.1	0.59	50.7	0.38	15.5	0.26	6.1
18.0									1.4	459.9	0.99	184.4	0.66	64.1	0.43	19.7	0.3	7.6
20.0									1.55	568.8	1.1	227.5	0.74	79.2	0.47	24.3	0.33	9.3
22.0									1.71	687.4	1.21	274.6	0.81	95.8	0.52	29.4	0.36	11.2
24.0									1.86	818.9	1.32	326.6	0.89	113.8	0.57	35	0.39	13.3
26.0									2.02	961.1	1.43	383.4	0.96	133.4	0.62	41.1	0.43	16.7
28.0											1.54	445.2	1.03	154.9	0.66	47.6	0.46	18.1
30.0											1.65	510.9	1.11	178.5	0.71	54.6	0.49	20.8
32.0											1.76	581.5	1.18	203	0.76	62.2	0.53	23.7
34.0											1.87	656.1	1.26	228.5	0.8	70.2	0.56	26.8
36.0											1.98	735.5	1.33	256.9	0.85	78.6	0.59	30
38.0											2.09	819.8	1.4	286.4	0.9	87.7	0.62	33.4

续表

公称直径/mm	100		125		150		200		250		300	
外径×壁厚/(mm×mm)	108×4		133×4		159×4.5		219×6		273×8		325×8	
G	v	R	v	R	v	R	v	R	v	R	v	R
40	1.48	316.8	0.95	97.2	0.66	37.1	0.35	6.8	0.22	2.3		
42	1.55	349.1	0.99	106.9	0.69	40.8	0.36	7.5	0.23	2.5		
44	1.63	383.4	1.04	117.7	0.72	44.8	0.38	8.1	0.25	2.7		
45	1.66	401.1	1.06	122.6	0.74	46.9	0.39	8.5	0.25	2.8		
48	1.77	456	1.13	140.2	0.79	53.3	0.41	9.7	0.27	3.2		
50	1.85	495.2	1.18	152.0	0.82	57.8	0.43	10.6	0.28	3.5		
54	1.99	577.6	1.28	177.5	0.89	67.5	0.47	12.4	0.3	4.0		
58	2.14	665.9	1.37	204	0.95	77.9	0.5	14.2	0.32	4.5		
62	2.29	761	1.47	233.4	1.02	88.9	0.53	16.3	0.35	5.0		
66	2.44	862	1.56	264.8	1.08	101	0.57	18.4	0.37	5.7		
70	2.59	969.9	1.65	297.1	1.15	113.8	0.6	20.7	0.39	6.4		
74			1.75	332.4	1.21	126.5	0.64	23.1	0.41	7.1		
78			1.84	369.7	1.28	141.2	0.67	25.7	0.44	8.2		
80			1.89	388.3	1.31	148.1	0.69	27.1	0.45	8.6		
90			2.13	491.3	1.48	187.3	0.78	34.2	0.5	11		
100			2.36	607	1.64	231.4	0.86	42.3	0.56	13.5	0.39	5.1
120			2.84	873.8	1.97	333.4	1.03	60.9	0.67	19.5	0.46	7.4
140					2.3	454	1.21	82.9	0.78	26.5	0.54	10.1

公称直径/mm	100		125		150		200		250		300	
外径×壁厚/(mm×mm)	108×4		133×4		159×4.5		219×6		273×8		325×8	
G	v	R	v	R	v	R	v	R	v	R	v	R
160					2.63	592.3	1.38	107.9	0.89	34.6	0.62	13.1
180							1.55	137.3	1.01	43.8	0.7	16.6
200							1.72	168.7	1.12	54.1	0.77	20.5
220							1.9	205	1.23	65.4	0.85	24.8
240							2.07	243.2	1.34	77.9	0.93	29.5
260							2.24	285.4	1.45	91.4	1.01	34.7
280							2.41	331.5	1.57	105.9	1.08	40.2
300							2.59	380.5	1.68	121.6	1.16	46.2
340							2.93	488.4	1.9	155.9	1.32	55.9
380							3.28	611	2.13	195.2	1.47	74
420							3.62	745.3	2.35	238.3	1.62	90.5
460									2.57	286.4	1.78	108.9
500									2.8	348.1	1.93	128.5

附表 7-2

附表 7-2 热水热网局部阻力当量长度

(K=0.5 mm)(用于蒸汽网路 K=0.2 mm, 乘修正系数 β=1.26)

名称 当量长度/m 公称直径/mm	局部阻力系数 ζ	32	40	50	70	80	100	125	150	175	200	250	300	350	400	450	500	600	700	800
截止阀	4~9	6	7.8	8.4	9.6	10.2	13.5	18.5	24.6	39.5	—	—	—	—	—	—	—	—	—	—
闸阀	0.5~1	—	—	0.65	1	1.28	1.65	2.2	2.24	2.9	3.36	3.73	4.17	4.3	4.5	4.7	5.3	5.7	6	6.4
旋启式止回阀	1.5~3	0.98	1.26	1.7	2.8	3.6	4.95	7	9.52	13	16	22.2	29.2	33.9	46	56	66	89.5	112	133
升降式止回阀	7	5.25	6.8	9.16	14	17.9	23	30.8	39.2	50.6	58.8	—	—	—	—	—	—	—	—	—
套筒补偿器(单向)	0.2~0.5	—	—	—	—	—	0.66	0.88	1.68	2.17	2.52	3.33	4.17	5	10	11.7	13.1	16.5	19.4	22.8
套筒补偿器(双向)	0.6	—	—	—	—	—	1.98	2.64	3.36	4.34	5.04	6.66	8.34	10.1	12	14	15.8	19.9	23.3	27.4
波纹管补偿器(无内套)	1.7~1	—	—	—	—	—	5.57	7.5	8.4	10.1	10.9	13.3	13.9	15.1	16					
波纹管补偿器(有内套)	0.1	—	—	—	—	—	0.38	0.44	0.56	0.72	0.84	1.1	1.4	1.68	2					
方形补偿器																				
三缝焊接弯 R=1.5d	2.7	—	—	—	—	—	—	—	17.6	22.1	24.8	33	40	47	55	67	76	94	110	128
锻压弯头 R=(1.5~2)d	2.3~3	3.5	4	5.2	6.8	7.9	9.8	12.5	15.4	19	23.4	28	34	40	47	60	68	83	95	110
焊弯 R≥4d	1.16	1.8	2	2.4	3.2	3.5	3.8	5.6	6.5	8.4	9.3	11.2	11.5	16	20					
弯头																				
45°单缝焊接弯头	0.3	—	—	—	—	—	—	—	1.68	2.17	2.52	3.33	4.17	5	6	7	7.9	9.9	11.7	13.7
60°单缝焊接弯头	0.7	—	—	—	—	—	—	—	3.92	5.06	5.9	7.8	9.7	11.8	14	16.3	18.4	23.2	27.2	32
锻压弯头 R=(1.5~2)d	0.5	0.38	0.48	0.65	1	1.28	1.65	2.2	2.8	3.62	4.2	5.55	6.95	8.4	10	11.7	13.1	16.5	19.4	22.8

名称	局部阻力系数 ζ	32	40	50	70	80	100	125	150	175	200	250	300	350	400	450	500	600	700	800
弯管 $R=4d$	0.3	0.22	0.29	0.4	0.6	0.76	0.98	1.32	1.68	2.17	2.52	3.3	4.17	5	6	—	—	—	—	—
除污器	10	—	—	—	—	—	—	—	56	72.4	84	111	139	168	200	233	262	331	388	456
分流三通： 直通管	1.0	0.75	0.97	1.3	2	2.55	3.3	4.4	5.6	7.24	8.4	11.1	13.9	16.8	20	23.3	26.3	33.1	38.8	45.7
分支管	1.5	1.13	1.45	1.96	3	3.82	4.95	6.6	8.4	10.9	12.6	16.7	20.8	25.2	30	35	39.4	49.6	58.2	68.6
合流三通： 直通管	1.5	1.13	1.45	1.96	3	3.82	4.95	6.6	8.4	10.9	12.6	16.7	20.8	25.2	30	35	39.4	49.6	58.2	68.6
分支管	2.0	1.5	1.94	2.62	4	5.1	6.6	8.8	11.2	14.5	16.8	22.2	27.8	33.6	40	46.6	52.5	66.2	77.6	91.5
三通汇流管	3.0	2.25	2.91	3.93	6	7.65	9.8	13.2	16.8	21.7	25.2	33.3	41.7	50.4	60	69.9	78.7	99.3	116	137
三通分流管	2.0	1.5	1.94	2.62	4	5.1	6.6	8.8	11.2	14.5	16.8	22.2	27.8	33.6	40	46.6	52.5	66.2	77.6	91.5
焊接异径接头 （按小管径计算） $F_1/F_0=2$	0.1	—	0.1	0.13	0.2	0.26	0.33	0.44	0.56	0.72	0.84	1.1	1.4	1.68	2	2.4	2.6	3.3	3.9	4.6
$F_1/F_0=3$	0.2~0.3	—	0.14	0.2	0.3	0.38	0.98	1.32	1.68	2.17	2.52	3.3	4.17	5	5.7	5.9	6.0	5.5	7.8	9.2
$F_1/F_0=4$	0.3~0.49	—	0.19	0.26	0.4	0.51	1.6	2.2	2.8	3.62	4.2	5.55	6.35	7.4	7.8	8	8.9	9.9	11.6	13.7

附表 7-3 室外高压蒸汽管道水力计算表
($K=0.2$ mm, $\rho=1$ kg/m³)

公称直径/mm	65		80		100		125		150		175		200		250	
外径×壁厚/(mm×mm)	73×3.5		89×3.5		108×4		133×4		159×4.5		194×6		219×6		273×7	
$G/$ (t·h⁻¹)	$v/$ (m·s⁻¹)	$R/$ (Pa·m⁻¹)	$v/$ (m·s⁻¹)	$R/$ (Pa·m⁻¹)	$v/$ (m·s⁻¹)	$R/$ (Pa·m⁻¹)	$v/$ (m·s⁻¹)	$R/$ (Pa·m⁻¹)	$v/$ (m·s⁻¹)	$R/$ (Pa·m⁻¹)	$v/$ (m·s⁻¹)	$R/$ (Pa·m⁻¹)	$v/$ (m·s⁻¹)	$R/$ (Pa·m⁻¹)	$v/$ (m·s⁻¹)	$R/$ (Pa·m⁻¹)
2.0	164	5 213.6	105	1 666	70.8	585.1	45.3	184.2	31.5	71.4	21.4	26.5				
2.1	171.6	5 754.6	111	1 832.6	74.3	644.8	47.6	201.9	33.0	78.8	22.4	28.9				
2.2	180.4	6 310.2	116	2 018.8	77.9	707.6	49.8	220.5	34.6	86.7	23.5	31.6				
2.3	188.1	6 902.1	121	2 205	81.4	774.2	52.1	240.1	36.2	94.6	24.6	34.4				
2.4	195.8	7 507.8	126	2 401	85	842.8	54.4	260.7	37.8	102.9	25.6	37.2				
2.5	204.6	8 149.7	132	2 597	88.5	914.3	56.6	282.2	39.3	110.7	26.7	41.1	20.7	21.8		
2.6	212.3	8 816.1	137	2 812.6	92	989.8	59.9	311.6	40.9	119.6	27.8	43.5	21.5	23.5		
2.7	221.1	9 508	142	3 038	95.6	1 068.2	62.2	329.3	42.5	129.4	28.9	47	22.3	25.5		
2.8	228.8	10 224.3	147	3 263.4	99.1	1 146.6	63.4	354.7	44.1	138.2	29.9	51	23.1	27.2		
2.9	237.6	10 965.2	153	3 498.6	103	1 234.8	67.7	380.2	45.6	145.0	31	53.9	24	28.4		
3.0	245.3	11 730.6	158	3 743.6	106	1 313.2	68	406.7	47.2	156.8	32.1	57.8	24.8	30.4		
3.1	253	12 533	163	3 998.4	110	1 401.4	70.2	434.1	48.8	167.6	33.1	61.7	25.6	32.1		
3.2	261.8	13 349	168	4 263	113	1 499.4	72.5	462.6	50.3	179.3	34.2	65.7	26.4	34.8		
3.3	269.5	14 200	174	4 527.6	117	1 597.4	74.8	492	51.9	190.1	35.3	69.6	27.3	37.0		
3.4	278.3	15 072	179	4 811.8	120	1 695.4	77	522.3	53.5	200.9	36.3	73.7	28.1	39.2		
3.5	286	15 966	184	5 096	124	1 793.4	79.3	494.9	55.1	212.7	37.4	78.4	29	41.9		

续表

公称直径/mm	65		80		100		125		150		175		200		250	
外径×壁厚/(mm×mm)	73×3.5		89×3.5		108×4		133×4		159×4.5		194×6		219×6		273×7	
G/(t·h⁻¹)	v/(m·s⁻¹)	R/(Pa·m⁻¹)	v/(m·s⁻¹)	R/(Pa·m⁻¹)	v/(m·s⁻¹)	R/(Pa·m⁻¹)	v/(m·s⁻¹)	R/(Pa·m⁻¹)	v/(m·s⁻¹)	R/(Pa·m⁻¹)	v/(m·s⁻¹)	R/(Pa·m⁻¹)	v/(m·s⁻¹)	R/(Pa·m⁻¹)	v/(m·s⁻¹)	R/(Pa·m⁻¹)
3.6			190	5 390	127	1 891.4	81.6	588	56.6	224.4	38.5	83.3	30	44.1		
3.7			195	5 693.8	131	1 999.2	83.8	619.4	58.2	237.4	39.5	87.2	30.6	46.1		
3.8			200	6 007.4	135	2 116.8	86.1	652.7	59.8	250.9	40.6	92.6	31.4	49		
3.9			205	6 330.8	138	2 224.6	88.4	688	61.4	263.6	41.7	97.5	32.2	51.7		
4.0			211	6 664	142	2 342.2	90.6	723.2	62.9	277.3	42.7	99.6	33	54.4		
4.2			221	7 340.2	149	2 577.4	97.4	835.9	66.1	305.8	44.9	112.7	34.7	58.8		
4.4			232	8 055.6	156	2 832.2	99.7	875.1	69.2	336.1	47.0	122.5	36.4	64.7		
4.6			242	8 810.2	163	3 096.8	104	956.5	72.4	366.5	49.1	133.3	38	70.1		
4.8			253	9 584.4	170	3 371.2	109	1 038.8	75.5	399.8	51.3	145.0	39.7	76.4		
5.0			263	10 407.6	177	3 655.4	113	1 127	78.7	433.2	53.4	157.8	41.3	84.3		
6.0					210	5 262.6	136	1 626.8	94.4	624.3	64.1	226.4	49.6	117.1	31.7	37
7.0					248	8 232	170	2 538.2	118	975.1	80.2	253.8	62	180.3	39.6	57
8.0					283	9 359	181	2 891	126	1 107.4	85.5	401.8	66.1	204.8	42.2	64.4
9.0					319	11 848	204	3 665.2	142	1 401.4	96.2	508.6	74.4	259.7	47.5	81.1
10.0							227	4 517.8	157	1 734.6	107	628.6	82.6	320.5	52.8	99
11.0							249	5 468.4	173	2 097.2	118	760.5	90.9	387.1	58	119.6
12.0							272	6 507.2	189	2 499	128	905.5	99.1	460.6	63.3	142.1

附表 7-4

附表 7-4　饱和水与饱和蒸汽的热力特性

压力 $p/10^5$ Pa	饱和温度 t/℃	比体积/($m^3 \cdot kg^{-1}$)		比焓/($kJ \cdot kg^{-1}$)		
		饱和水 v_i	饱和蒸汽 v_q	饱和水 i_i	汽化潜热 Δi	饱和蒸汽 i_q
1.0	99.63	0.001 043 4	1.694 6	417.51	2 258.2	2 675.7
1.2	104.81	0.001 047 6	1.428 9	439.36	2 244.4	2 683.8
1.4	109.32	0.001 051 3	1.237 0	458.42	2 232.4	2 690.8
1.6	113.32	0.001 054 7	1.091 7	475.38	2 221.4	2 696.8
1.8	116.93	0.001 057 9	0.977 8	490.70	2 211.4	2 702.1
2.0	120.23	0.001 060 8	0.885 9	504.7	2 202.2	2 706.9
2.5	127.43	0.001 067 5	0.718 8	535.4	2 181.8	2 717.2
3.0	133.54	0.001 073 5	0.605 9	561.4	2 164.1	2 725.2
3.5	138.88	0.001 078 9	0.524 3	584.3	2 148.2	2 732.5
4.0	143.62	0.001 083 9	0.462 4	604.7	2 133.8	2 738.5
4.5	147.92	0.001 088 5	0.413 9	623.2	2 120.6	2 743.8
5.0	151.85	0.001 092 8	0.374 8	640.1	2 108.4	2 748.5
6.0	158.84	0.001 100 9	0.315 6	670.4	2 086.0	2 756.4
7.0	164.96	0.001 108 2	0.272 7	697.1	2 065.8	2 762.9
8.0	170.42	0.001 115 0	0.240 3	720.9	2 047.5	2 768.4
9.0	175.36	0.001 121 3	0.214 8	742.6	2 030.4	2 773.0
10.0	179.88	0.001 127 4	0.194 3	762.6	2 014.4	2 777.0
11.0	184.06	0.001 133 1	0.177 4	781.1	1 999.3	2 780.4
12.0	137.96	0.001 138 6	0.163 2	798.4	1 985.0	2 783.4
13.0	191.60	0.001 143 8	0.151 1	814.7	1 971.3	2 786.0

附表 7-5

附表 7-5　热网管道局部损失与沿程损失的估算比值 α_j

补偿器类型	公称直径/mm	α_j值	
		蒸汽管道	热水管道和凝结水管道
输送干线			
套筒或波纹管补偿器			
(带内衬筒)	≤1 200	0.2	0.2
方形补偿器	200～350	0.7	0.5
方形补偿器	400～500	0.9	0.7
方形补偿器	600～1 200	1.2	1.0
输配干线			
套筒或波纹管补偿器			
(带内衬筒)	≤400	0.4	0.3
(带内衬筒)	450～1 200	0.5	0.4
方形补偿器	150～250	0.8	0.6
方形补偿器	300～350	1.0	0.8
方形补偿器	400～500	1.0	0.9
方形补偿器	600～1 200	1.2	1.0

参 考 文 献

[1] 贺平，孙刚，吴华新，等 . 供热工程[M].5 版 . 北京：中国建筑工业出版社，2021.

[2] 王宇清 . 供热工程[M]. 2 版 . 北京：机械工业出版社，2022.

[3] 陈思荣 . 建筑设备安装工艺与识图[M]. 2 版 . 北京：机械工业出版社，2014.

[4] 刘金生 . 建筑设备[M]. 3 版 . 北京：中国建筑工业出版社，2019.

[5] 王飞，梁鹏，杨晋明 . 典型供热工程案例与分析[M]. 北京：中国建筑工业出版社，2020.

[6] 刘梦真，王宇清 . 高层建筑采暖设计技术[M]. 北京：机械工业出版社，2004.

[7] 官燕玲 . 供暖工程[M]. 北京：化学工业出版社，2005.